U0501403

后浪

至少今天不焦虑

The Ultimate Anxiety Toolkit

25 Tools to Worry Less, Relax More,
and Boost Your Self-Esteem

［加］里萨·威廉斯　著　　赵昱辉　译

贵州出版集团
贵州人民出版社

献给里奥（Leo）、麦克斯（Max）和
扎克（Zach）

目录

5 **当你对未来充满担忧** 181

前言
名为焦虑的硬币

在你看来，什么是焦虑？

你是否曾凌晨两点在客厅内徘徊，一遍又一遍地纠结自己说过的某些话，同时在内心深处大喊着，提醒自己赶快上床睡觉？你是否曾起身准备在一群陌生人面前讲话，却发现自己仿若置身于某个平行宇宙中，一言一语都放慢了速度？你是否曾整日担心过去或未来，过后又开始懊悔自己在这方面浪费了很多时间？你是否曾在走进某个房间时认为里面的每个人都在盯着自己看，只是因为你的牙齿上有生菜，即使你知道自己根本没吃沙拉？

这就是焦虑，它还有其他不那么有趣的表现形式。我深知这一点是因为我本人就是一名心理治疗师，专门帮助他人克服焦虑。当然，我自己也经历过焦虑。

作为一名前芭蕾舞演员，我曾经历过这种焦虑：当我担心自己可能会滑倒时，如何对观众依然保持微笑？作为一名职业作家，我曾品尝过这种焦虑的滋味：如果坚持从事这一职业，我要怎样才能养活自己？作为一名大学教授，我曾有过这种焦虑：如何在别人面前打开投影仪 —— 在没有人看着的情况下，这似乎不是事儿。作为两个孩子的母亲，我曾为这种问题焦虑过：眼前这个宝宝是我刚生下来的，他是那么无助，我是唯一能保护他的人！后来，我又开始焦虑：当我那蹒跚学步的宝宝直接冲向咖啡桌时，为什么我没有阻止他？

为人父母之后，我意识到，我必须想办法让自己保持冷静和放松的状态。因为只有这样，我才能给我的孩子们他们理应享受的愉快和幸福。

我决定学习更多有关焦虑的知识，如饥似渴地阅读有关焦虑的书籍，同时更多地了解焦虑的大脑是如何工作的。在阅读了大卫·D. 伯恩斯（David D. Burns）的《感觉良好：新情绪疗法》（*Feeling Good: The New Mood Therapy*，1981）后，我逐渐意识到：

- 我也许能控制自己的想法以及它们带给我的情绪。
- 为了做到这一点，我必须改变我现有的想法。
- 要改变我现有的想法，我需要一些工具。

大约在这时，我刚成为一名执业临床心理治疗师。因此，这个新萌生的关注点最终使我专注于帮助人们管理各种不同类型的焦虑。在了解了强调培养幸福和安乐的积极心理学，学习了强调将意识集中于当下的正念之后，我受到启发，想要创造新的工具来帮助人们用更积极的方法应对日常的焦虑和压力。这样做还有一个额外的好处，那就是这些工具对他人的帮助越多，就越能提醒我在自己的生活中使用它们！在与许多感到焦虑的来访者交谈之后，我明白了一些事情：

- 焦虑的人往往极具洞察力、活力和创造力。
- 除了他们可能告诉你的事情，焦虑的人其实已经取得了很多成就。
- 焦虑的人也往往非常有幽默感！

　　我发现了一些很重要的事情：当你感到焦虑时，你不可能感到快乐；当你感到快乐时，你通常不会感到焦虑。这就像一枚硬币的两面，你一次只能在心里看到这枚硬币的一面。

　　所以，如果我能说服那些感到焦虑的极具洞察力的人们，让他们将所有精力投入创造性活动中，或者让他们以一种健康的方式发挥想象力，抑或是让他们设法对现状的某些方面坦然处之，那么这枚名为焦虑的硬币就会自动翻转过来。换句话说：

感到快乐 = 焦虑的对立面

当我感到焦虑时，我最渴望的是能有一个简单的工具清单，我可以用这些工具来调动我大脑的不同部分。如果其中一些工具恰好很有创意，那可能也会让我感觉不那么像在工作，而更像是在 —— 寻找快乐。因为一旦你走向快乐，就远离了焦虑。毕竟，你每次只能看到硬币的一面，而我最希望的莫过于这些工具能帮助你翻转这枚硬币。

Chapter 1

当你感到焦虑

当医生和治疗师教患者
将消极的想法和担忧转化为积极的肯定时，
沟通过程就会得到改善，患者也会重新获得自控力和信心。
但这中间有一个问题，
那就是大脑对积极的话语和想法几乎没有反应。

● ○ ○ ○ ○

工具 1

积极自我对话充电器

在使用本书提供的各种方法之前，你需要一个充电器来补充能量。这个充电器便是**积极自我对话充电器**（the positive self-talk charger）。我们中的大多数人每天都在对自己说一些消极的话，做一些悲观的断言，比如"你真的搞砸了""那简直是一场灾难"。或者，关于别人是如何看待你的，你也会抱持一种消极的态度，如"我说过那些话，他肯定正恨着我呢""我的老板根本看不上我"。

每个人的消极自我对话都是不同的（参见"名牌"

和"故事笔"这两节）。很多人完全没有意识到消极自我对话在他们的脑海中播放的频率。你的消极自我对话的次数与你每天经历的消极情绪的次数直接相关。简单来说就是：

消极自我对话＝消极情绪

我们的大脑天生就有消极偏见，这意味着我们更倾向于关注消极的信息而不是积极的信息。这是我们作为人类进化方式的一部分，即从消极的经历或威胁中收集信息和线索，并加以学习。不幸的是，频繁收集和评估这种消极信息会影响我们对自己的看法。为了改变这种状况，我们必须在一天中**反复、频繁地**进行积极自我对话。通过这种方式，我们可以逐渐改变我们的情绪状态以及自我认知。简单来说就是：

频繁的积极自我对话＝积极情绪

神经科学箴言

将消极想法转变为积极想法并不容易！安德鲁·纽伯格（Andrew Newberg）和马克·沃尔德曼（Mark Waldman）合著了《为什么说出或听到这个词如此危险》（"Why This Word is So Dangerous to Say or Hear"）一文，对于这句话，他们解释说："当医生和治疗师教患者将消极的想法和担忧转化为积极的肯定时，沟通过程就会得到改善，患者也会重新获得自控力和信心。但这中间有一个问题，那就是大脑对积极的话语和想法几乎没有反应。"如何解决这种消极偏见呢？他们表示："我们必须反复地、有意识地产生尽可能多的积极想法。"（安德鲁·纽伯格和马克·沃尔德曼，2012）

首先，你要开始更经常地倾听自己内心的想法，成为消极话语的观察者。但你不需要改变它，你只需要注意到它即可，这是第一步。当你刷完牙时，你内心的消极声音可能已经指出了你所有的不足之处，列出了所有等待着你的不必要的压力因素，还预测了几十个未来可能会发生的灾难。真是一个"美好"的早晨呢！

就个人而言，我一直都知道这种消极话语在我内心造成了不必要的压力和焦虑。然而，当我试图用积极的肯定来反驳它时，并非总能成功。从"我糟透了"到"我棒极了"，这种话语的变化并没有改变我的心理状态，因为我**不知道如何相信这些积极话语**。我的大脑阻止我进行这种转变，这让我感觉非常不舒服。

然后，我发现了几个可以帮助我绕过心理阻力、走上积极自我对话之路的变通方法。以下是我亲证有效的三个步骤。

第一步 ▷ 当涉及积极自我对话时，一切都事关百分比。你**不需要**一直对自己抱有积极想法，你只需要让你对自己的积极想法稍微多于消极想法即可。当感到焦虑或自卑时，人们往往会陷入极端思维。当你偶然发现对自己产生了消极想法时，你可能会认为自己在对自己抱有积极想法方面做得不够好。不要对自己这么严苛，要对自己温柔一些，因为没有人可以一直保持积极想法！你只需要让天平向积极想法这边倾斜一点儿。当你学会用更温柔的态度与自己对话时，它便会用一种积极的方式影响你生活的许多其他方面。那么—— 该怎样倾斜你的天平呢？

第二步 ▷ 慢慢地借助一些**小想法**来建立新的思维模式，这是朝着积极自我对话迈出的一小步。有了足够多积极的小想法，便能让自己从消极自我对话走向积极自我对话。随着你的前进，你的想法会慢慢变得更积极。不妨从那些对你来说更容易、阻力更小的地方开始，并且时常加以重复，这样你便会找到自己前进的节奏。

你也许可以试试以下这些小想法：

▨ "我正在一步一步地解决问题。"

　　为什么这个想法会起作用？因为你内心的消极声音在这一点上找不到与你争论的方法。毕竟，我们不都是在想办法解决问题吗？加上"一步一步"便能提醒你，你可以按照自己的节奏来进行。

▨ "每一小步都将引领我走向一个新的结果。"

　　"小"这个字能够起作用是因为它会提醒你，并非所有事情都必须以巨大、飞跃的形式发生改变，并且每当你做出一个小的改变，它都会对你报以奖赏。当你决定改变某件事时，无论这改变多小，都一定会给你带来不同的结

果。如果你以一种自己可以维持的速度持续做着此类改变，那么你真的可以开始让所有事情都朝着积极的方向转变。

以下是其他你可以尝试的小想法：

- "我正在学习适应和成长的新方法。"
- "我正在研究如何应对新情况。"
- "我越发擅长处理新的问题和情况了。"
- "今天，我能够找到恢复平衡状态的方法。"
- "我正在学习如何活在当下。"
- "我正在学习温柔地和自己对话的新方法。"
- "我现在试着一次只解决一个问题。"
- "我正在研究如何庆祝我每天的小成就。"

"我正在研究……"和"我正在学习……"这些话可以帮助你开始这个过程，因为对大多数人来说，它们不会引起太大的消极抵抗情绪。你可以研究这些措辞，直到找到一句为你量身定制的话，哪怕只带给你一点点动力。慢慢地，你就会发现，你已经为自己的大脑找到了最好的措辞，因为这句话会让你觉得，经常重复它是一件很容易的事情。

为了帮助你开始这个过程，在本书每一章的末尾，我都为大家准备了一些适用于很多人的积极自我对话充电器。你不妨试一试，看看它们会怎样为你服务！

理想情况下，当你连接到对你有用的积极的小想法，并尽可能多地重复它时，你就会开始感受到一股推动你前进的能量。这种情况可能不会立即发生，所以要耐心一点，给它一点时间。当然，这也与你每天记得做多少事情有关。

第三步 ▷ 当你改变和适应新的做事方式时，别忘了**给自己一些鼓励**，因为改变你的思维模式是需要时间的。

当人们决定参加马拉松比赛时，他们通常会让自己的身体进行长达一年的训练，然后才会去参加马拉松比赛。这一点与你的大脑类似，因为大脑也需要时间来改变。因此，你需要一定的时间才能让你的大脑以不同的方式运行，不是吗？

有时，我会问我的来访者这个问题，因为这往往可以帮助他们在这个过程中放松一点。他们通常迫切需要立竿见影的效果。他们想知道如何让他们的焦虑立即消失。虽然本书提供的许多工具可能会帮助你暂时冷静下来，但要让你的思维模式产生永久的变化可能需要一些时间和练习。当你的大脑练习这些新的思维模式时，它需要大量的鼓励。如果你只记得告诉自己"我正在一步一步地解决问题"这一句话，那也无妨，直接这么做吧！大声说出来，并且要经常说！

做自己的宠物

想象一下，如果你**像对自己心爱的宠物一样和自己对话**，会是怎样。如果你那可爱的小狗叼起一个玩具，你会说："干得好！你把玩具捡起来了！干得好！"你不会说："你总是把玩具弄乱！""你为什么要叼起那个玩具?!"你会赞美它做的每一件小事……即使它只是在地毯上打盹，你也会温柔地对它说："看着你在地毯上打盹的样子，我的心都要融化了，你真是个可爱的小家伙！"

一般来说，更多的时候，你会赞美小狗，而不是责骂它咬了你最喜欢的枕头。那么，为什么我们在和自我对话时会以一种比我们对待自己的宠物时更糟糕的方

式呢？

　　你和你的小狗一样值得称赞。从每天对自己更宽容、更温柔开始。想想——百分比！

练一练：把它写下来！

对你有效的积极的小想法有哪些？把下面的句子补充完整，边写边感受一下措辞，直到你能轻松地对自己说出这些话。

我正在研究……

_____

_____

_____

我正在学习如何……

_____

_____

_____

我越发擅长……

_____

_____

今天，我能够练习……

_____

_____

_____

每周，我都在学习……

_____

_____

_____

现在，请写下对你最有效的 3 句话吧！请尽可能频繁
地重复这些话：

1._____

_____

2._____

_____

3._____

_____

　　在纽约大学学习电影时，我学到了一种叫作"变焦"（rack focus）的摄影技巧。它指的是，当你把拍摄焦点放在前方某物上时，比如一张男性的脸，然后切换相机焦点，这张人脸就会变模糊，而他的背景则会变清晰……反之亦然。比如你将拍摄焦点放在一个建筑物上，然后变焦，这时你可能会发现有一个人就在你的眼前。正是焦点的快速切换将观众带入了一个全新的视角。

　　镜头拉近（zoom in）指的是，当你离某个问题非常近时，你能看到的就只有这个问题了。想想你手臂上

的雀斑，如果你不断将镜头拉近，那么慢慢地，你能看到的就只有雀斑了。雀斑变成了一个巨大的怪异斑点，占据了你的整个大脑。除了雀斑，你什么都看不到，甚至连它所在的手臂也看不到。有时候，这就是焦虑带给人的感觉。

如果把焦点移开，或者将镜头拉远（zoom out），你会突然发现雀斑只是手臂上的一个小点儿。然后，你继续快速将镜头拉远，会发现这支手臂只是人体的一部分。再继续将镜头拉远，你会发现这个人只是城市人潮中的一员，而这座城市只是一个国家众多城市中的一座，这个国家也只是地球上几百个国家中的一个……以此类推。这时，你会发现雀斑似乎不再是什么大问题了！

传奇影星查理·卓别林（Charlie Chaplin）曾说过："人生近看是悲剧，远看是喜剧。"（克莱默，1972）我们的思维方式也是如此。当我们近距离看一个问题时，这个问题感觉就像一场悲剧。而当我们远距离看它时（我指的是把镜头拉得非常、非常、非常远），事情就会变得更轻松、更荒诞，如果它们不那么 —— 有趣的话。

有时，当我们感到焦虑时，会把镜头拉得太近，问题放得过大，以至于看不到其他任何东西。这时，我们就会感觉问题非常严重，心情也会变得很沉重，我们的精力就这样被消耗殆尽了。我们需要的是把注意力从问题上移开，以便对事情有一些新的看法。并且如果我们把镜头拉得足够远，问题缩得足够小，我们可能会找到一种笑对这个问题的方法。当我们可以笑对一些事情时，我们的大脑会释放一种叫作"血清素"的神经递质，它可以让我们感觉更好。

要让身体热起来并激活血清素的释放，有一个简单的工具可以做到：**变焦器**。找一个你正在经历的典型问题，先从一个简单的问题开始练手：你要将镜头拉多远才能摆脱消极情绪？作为观察者，你需要后退多少步，才会感觉自己能够更轻松、更有把握地去处理问题？

练一练：把它写下来！

我曾经担心过的问题：

....

....

....

....

镜头拉近（镜头拉得非常近时我的想法）：

....

....

....

....

镜头拉远（镜头拉得非常远时我的想法）：

....

....

....

....

镜头拉得极远（尽可能地拉远，并尽可能让这个问题
看起来很荒诞）：

....

....

....

....

....

你现在对这个问题有何感觉？

....

....

....

....

....

悠闲……

崩溃!!!

工具❸
压力之尺

　　当你问别人压力有多大时,他们通常会含糊地回答:"非常大!""我不知道。我感觉自己很崩溃!"

　　这就是为什么要使用**压力之尺**(the stress ruler)来量化你现在的压力程度。大多数人以前从未对自己的压力进行过量化,所以一开始他们很难想象这一点。然而,如果我们开始更具体地分析自己的感受,我们就可以通过成为自己情绪状态的观察者来获得一些新的视角,并对自己有更加清晰的认识。

　　想象一把尺子,就是你在学校可能用过的那种黄色水平尺。尺子的一侧是数字1，然后向另一侧逐渐递增到数字10；数字1代表平静、悠闲、放松、无忧无虑的感觉；数字10代表"我要崩溃了，我要失去一切了"的那种压力。

要想找出自己的默认压力值，你可以问问自己："一天结束的时候，你通常位于哪个压力值？"你很可能不会一直处于数字10的位置，即使你认为自己是，因为如果你总是处于10这个值，你将（永远）无法入睡。如果你总是处于数字1的状态，那么你可能已经达到了某种境界（如果是这样的话，那就太棒了）！但大多数人也很少长时间处于数字1的位置。

你的默认压力值只有你自己知道，只有你知道尺子上的数字是多少，以及对你来说那是什么感觉。

在你尺子的某个地方，有一个数字被称作"红色警戒线"。当你越过表示红色警戒线的数字，进入红色区域时，就意味着你进入了更高层次的压力水平，让自己平静下来就会变得越发困难。

练一练：压力之尺

用一句话写出压力之尺上每个数字带给你的感觉。写的时候专注于自己的身心感觉，以及当数值越来越大时这种感觉是如何变化的。

我们可以看看下面这个例子：

1. 悠闲、平静、快乐……

2. 平静，但更多的是精力充沛且心满意足……

3. 依然平静，但更多的是精力充沛且做事情有动力……

4. 精力非常充沛，但偶尔有消极想法冒出来……

5. 感觉良好，积极和消极的想法都有，但是能保持二者的平衡……

6. 开始感受到强烈的消极想法，但仍然能够集中注意力……

7. 大多数时候感到压力很大，消极想法多于积极想法……

8.（进入红色区域）时常抱怨，消极想法出现的频率变高，并且越来越强烈，希望有人能让自己平静下来！

9.陷入循环，无法停止焦虑的想法，无法摆脱消极思维的循环！

10.压力巨大或者崩溃！

如果你想简化上面的清单，可以像下面这样把每个数字形象化：

一个人清单上的数字8可能与另一个人清单上的数字8代表着完全不同的感觉。为了弄清楚这些数字带给你的感觉，你需要花几天时间记录身体和大脑在每个刻度上的感觉，以及当处于每个数字所在的位置时你倾向于做些什么或想些什么。

要确定自己的红色警戒线在哪里，请想一想当你很难平静下来或很难驾驭自己的焦虑时的感受。对不同的人来说，代表红色警戒线的数字是不同的，这取决于他们在管理自己的焦虑或压力方面感到更加不适的原因。

那么，当感觉自己正在接近尺子上的红色警戒线时，你可以做些什么？

当你开始接近红色警戒线时，可以做下面这些事：

- 有意识地深呼吸几次。
- 深呼吸时在脑海中对自己重复"吸气……呼气……"。
- 把手放在腹部，感受自己的呼吸。
- 在有意识地放慢自己的呼吸和思绪几分钟后，你应该会感到自己的压力值有所下降。
- 尝试让自己的压力值一次下降一点点，直到回到自己感到舒适的区域。

有意识地深呼吸可以让你在尺子上的压力值降低。就这么简单——你只需要有意识地呼吸即可。正如释一行（Thich Nhat Hanh）禅师解释的那样："吸气，平静身心。呼气，乐观微笑。"（一行，2011，p.3）

有意识地深呼吸＝降低压力水平

神经科学箴言

深呼吸可以帮助我们在经历激烈的情绪状态时找到平衡。根据注册护士、《用呼吸减压》（"Decrease Stress by Using Your Breath"）一文的作者劳拉·彼得森（Laura Peterson）的说法："深呼吸的好处不仅仅在于能够缓解我们当下的压力。许多研究发现，深长的瑜伽式呼吸有助于平衡自主神经系统，从而调节无意识的身体功能。"（彼得森，2017）听起来很容易，对吧？不过最难的部分是，记着要去这样做！

如果你能记住在进入红色区域**之前**放慢思绪并进行长时间的深呼吸，那么你会更快地平静下来。这需要你了解自己尺子上的数字带给你的感觉，同时你也需要关

注在一天之中代表你压力值的数字的上升速度。

在开始使用这个工具之前，先问问自己："我现在处于压力之尺上哪个数字所在的位置？"

练一练：把它写下来！

在压力之尺1到10每个数字后写出它们带给你的感觉，同时圈出代表你的红色警戒线的数字。1代表最平静，10代表压力最大。

1. _____

2. _____

3. _____

4. _____

5. _____

6. _____

7. _____

8. _____

9. _____

10. _____

代表你的红色警戒线数字是几？

_____

当你接近红色区域时，你能提醒自己做哪些事情来让
自己冷静下来？

_____

_____

_____

_____

_____

_____

_____

_____

_____

_____

_____

_____

_____

工具 4

任务萃取器

你有没有听过有人说"我的大脑现在完全炸了""我的大脑完全超负荷了"？实际上，这种话是有科学依据的。你的前额皮质负责处理信息，并且战略性地将信息进行分类，然后为你做出决定（就像一个高效的档案管理员）。当它接收的信息达到极限时，它在核磁共振成像（magnetic resonance imaging，MRI）上就会显示为一片"黑暗"。这就好像坐在我们大脑前厅的那位勤奋的档案管理员突然恐慌发作并昏迷过去，而他的周围是一堆未处理的文件。

神经科学箴言

当我们的前额皮质不堪重负时，我们可能无法做出最好的决定。根据《知道你的极限：你的大脑只能承受这么多》（"Know Your Limits, Your Brain Can Only Take So Much"）一文的作者迈克尔·沃恩（Michael Vaughan）的说法，天普大学（Temple University）的科学家们在研究时发现，当参与者大脑中的信息过载时，核磁共振成像显示，他们的前额皮质会暂停活动。这会导致参与者"做出错误的选择，因为负责明智决策的大脑区域基本上已经停工了"。（沃恩，2014）

我见过不少来访者苦苦挣扎于因紧张的日程安排导致的信息过载，所以我一直在努力设计一个可以帮助他们的工具。大约在这个时候，我买了一个叫作"果汁萃取器"的东西，我怀疑这就是过去的"榨汁机"，只不过现在起了一个花哨的新名字。这个机器真让我印象深刻，因为1磅[①]重的芹菜，除了纤维和菜泥，被榨得最后只剩下极少量的可饮用芹菜汁……而那少量的芹菜汁所提供的矿物质和维生素才是人体真正需要的营养。这启发了我，随即我便开始设计一个名为**"任务萃取器"**（task extractor）的心理工具。

当来访者因为即将到来的日程安排而与大脑的超负荷做斗争时，我经常建议他们使用任务萃取器。这个工具将引导我们去直接完成**我们需要做的最低限度的**任务——我们**想要/希望自己可以/认为自己应该做**的事情。通过这种方式，我们可以避免让前额皮质变得"黑暗"，并让它愉快地投入运作，因为它只需处理必要的事情，而不会陷入彻底瘫痪的状态。

例如，我认识的一位艺术家特别忙，她必须在一周内准备一场画廊展览，并且她对此感到完全不知所措。

---

① 　1磅约等于0.45千克。——编者注（若无特殊说明，本书脚注均为编者注）

我问她，如果要完成展览，她**需要完成哪3项主要任务**。她一口气列出了十几件事。

我随即问她："你到底需要做哪些事情才能在星期五之前顺利举办这场展览？"

她又列出了10件事，并且其中一些事情与展览毫无关联，只是一般的生活琐事或者不需要在星期五前完成的事情。

我说："你能把它精简为与星期五的展览特别相关的3件事吗？"

她叹了口气，说："我不知道！我需要做的事情太多了！我甚至不知道从哪里开始！"

不堪重负的感觉让她很难确定任务的优先级，从而也就很难着手开始工作。很明显，她的心理档案管理员正在信息过载、即将宕机的边缘摇摇欲坠。为了简单起见，我请她向我说明筹备这个展览具体要做哪些事情，然后她便开始跟我解释所有的细节。

我说："所以……你要做的其实就是把你的5到10

幅画作挂在空白的墙上？"

她笑着回答："应该是这样的，你说得没错，如果你要这么简化它的话！"这正是我的想法 —— 简化它。不停、不停、不停地简化，直到它简单得令人难以置信。

简化任务＝减少心力交瘁感

我告诉她要列一个清单：

1. 在星期五前将 5 到 10 幅画作挂在墙上。

她紧接着补充了一条：

2. 确保在星期四前这 5 到 10 幅画作已经被放在了正确的画框中。

我问："为了让这个展览达到预期的效果，还有什

么事情要你做吗？"

她回答说："嗯……我得在场！"

于是，我们又加了一条：

3. 星期五准时出现。

读完她的清单后，她停顿了一下，然后笑了，惊呼道："当我用这种方式来看这件事时，我的压力就没有这么大了！"

最低限度

我告诉她，她只需要做**最低限度的3件事**即可，其他一切都是额外项目。因此，如果她想邀请她的同事、为活动订购鲜花或买新衣服，这些都可以放在清单的底部，作为"**额外项目**"。实际上，她不必完成这些额外项目，她需要完成的只有必须要完成的3件事情。

所以，你们猜最后的结果如何？她在星期五之前完成了那3件事，还轻松完成了所有的额外项目。因为她认为自己只需要做3件事，所以当这3件事完成时，她就有了一种成就感。

任务萃取器允许你暂时停下来，并去完成清单上最低限度的任务。你越能真正沉浸于完成日常任务（无论它们是多么小的事情）中，你对自己的整体感觉就会越好。完成3件事后，将其内置到一个积极自我对话充电器中，让它发挥更大的作用。以下便是一些例子：

- "我完成了今天要做的事情。"
- "完成目标之后我会感到放松。"
- "一天的任务结束了，我现在可以放松了。"
- "我正在学习庆祝自己取得的一些小成就。"
- "我越来越擅长完成我设定的目标了。"
- "我正在学习为自己完成这些事情而感到自豪。"

你有多少次在你的3件事清单上添加了太多的事情？其中有多少是让你感到有压力的额外项目？如果有人告诉你，你要做的就是完成最低限度的那几个活动或事情，你会感觉如何？这难道不会让你大脑中那个过度劳累的档案管理员觉得这一切都变得更容易管理了吗？

每日任务萃取器

你可以将任务萃取器这个工具用于特定的事情，也可以只在有很多事情要做的某一天使用它。如果你忙于一项要求很高的工作，或需同时兼顾好几项工作，那么每天使用这个工具能够帮助你避免压力不断累积的感觉。

问问自己："我今天需要完成哪3件事情？"

比如，有一天你格外忙，你的清单可能是这样的：

1.　在网上订购更多的打印机墨盒。

2. 上交今天应该交的工作报告。

3. 回复昨天关于创意项目的电子邮件。

　　由于工作报告可能是一项非常耗费精力的工作，需要你集中注意力，所以在那一天里，你不需要在你的清单上添加许多其他需要你高度集中注意力的事情。你可能希望在清单上添加一个较小的、不那么耗费精力的任务（比如，在网上订购更多的打印机墨盒），这样能让各项任务平衡一点。

　　如果你遇到了紧急情况，比如被困在医院里，或者必须处理突然出现的家庭危机，那么你也可以在这个短的时间内使用任务萃取器。你可以问问自己："在接下来的一小时内，我需要完成哪三项任务？"

　　例如，当被困在医院里时，你的清单可能是：

1. 下午4点前同医生交谈。

2. 想想需要满足哪些要求才能出院。

3. 吃完这杯什锦水果。

不要把其他事情放在这个清单上了！你当然不需要把你住院的消息告诉你认识的每个人。你只需要告诉那些和你亲近的人，然后等着他们告诉其他人即可。你首先要做的是照顾好自己的身体。相信我，你会知道什么时候自己有足够的精力来解决剩下的问题的。

一次一个挑战，一天一个挑战。尽量不要同时预测太多未来的问题，否则你会让自己感到超负荷的。

不可靠的时间估计

那是我在研究生院的最后一个学期，我必须在星期五之前交上一份篇幅很长的期末论文。我大约还有 15 页内容需要写，但我并没有立即开始写，而是让自己进入了一种高度紧张和回避的状态。那天是星期一，我没有写任何东西，相反，我那不堪重负的大脑决定清理浴室。

我的室友下课回来，发现我在浴室里用清洁剂和刷子擦洗墙壁。

"你这是在干什么？"她问我。

"浴室需要清理一下，"我焦虑地回答道，"但是我快清理完了……"

"你的论文动笔了吗？"她又问道。

"没有，因为我还有其他事情要先做……"

"比如？"

"那个，我意识到我必须收拾行李，因为我下周要出门。但我没办法开始收拾，因为这需要很长时间……然后我发现浴室需要清理……"

即使我的声音很大，我还是发现自己有些底气不足。我大脑中那个不堪重负的档案管理员显然已经昏迷过去了，现在，每一项任务似乎都突然关乎着未来。

"你打包好行李箱实际上需要多长时间？"她问道。

　　我盯着她看了一会儿。之前没有人问过我这个问题。

　　"也许 1 个小时？"我弱弱地回答道。

　　"那你为什么不能在星期五之后再做这件事情呢，你的航班不是在下周吗？"她笑着说道。

　　这个时候，我也笑了，因为显然我的想法很可笑。我当然可以星期五之后再打包行李，我当然不需要现在清理浴室。显然，我只是不想写我的论文！

　　焦虑常常使我们相信，我们必须立即解决很多未来的问题。然后，我们就开始分心，想象着如何解决这一大堆未来的问题，而现实中的问题却没有任何进展。

　　后来，我坐了下来，开始估算写完这篇可怕的论文需要多长时间。我意识到，我每天只需要花 3 个小时写论文，就能在星期五之前完成它。当我在一张纸上写下"每天 3 个小时"时，我的焦虑开始消退，因为我发现 3 个小时并不长。然后，我就一点也不慌了。最后，我提前完成了论文。

写下事实＝减少焦虑

你不堪重负的大脑是否也无法估算出完成某件事需要多长时间？在一张纸上写下完成每项任务预计需要的时间，然后看看这是否能减轻你的压力，让你更加轻松地管理一天的工作。

多任务处理龙卷风

有时，当我们感到压力过大时，我们会**高估自己**，觉得自己能在一天内完成多项任务，从而忘记了自己的疲惫感。我称之为"多任务处理龙卷风"（multi-tasking tornado），它往往会席卷任何一个长期忙碌的人。它还会时不时影响那些为人父母的人，通常会让他们去购物中心或杂货店之类的地方。

例如，某一天，你需要照顾三个孩子，在这忙碌的

日程安排中，你的清单可能会被缩减为：

1. 带孩子们去上武术课。

2. 去工艺品商店为明天要交的学校作业购买用品。

3. 晚上的例行公事：准备晚餐，做第二天的午餐，
    哄孩子睡觉。

当父母试图一天完成太多任务时，他们可能会被多任务处理龙卷风卷走。（例如：在接孩子上完课回家的路上，我最好顺路去商店买纸巾，因为家里的纸巾可能会在几天内用完。）

我们压力过大的大脑就是这样高估我们在短时间内完成任务的能力的。到一天结束时，"如果我能坚持下去，我就能完成这一切"这样的想法通常会对我们的身体和情绪产生消极影响。

在本已经很困难的夜晚，就忽略多任务处理龙卷风吧。即使没有纸巾，你也能活过这个晚上。而且，不

知道你们具体是什么情况，反正每次我在精神疲惫时走进塔吉特（Target）这样的商店时，最终都会买一些假仙人掌或抱枕之类的东西回家，而不是本来要买的纸巾。

　　每个人在学校、工作或业余时间都已经耗尽了所有精力，当我们让孩子和自己一起卷入多任务处理龙卷风，艰难地完成着一些不必要的差事时，每个人回到家都会陷入情绪和身体上的疲惫，从而使得学校里的课业更难完成。换句话说：

多任务处理龙卷风＝潜在的身体/情绪疲劳

　　一个晚上用毛毡和闪亮的小装饰物做一个一年级的手工作业还不够辛苦吗？把节奏放慢一些吧，告诉自己："我今天做得已经够多了，不需要再做任何事情了。"把时间分成一个个时间段，在每个时间段内只做一件事。这样，你就可以避开每一个想把你吹走的龙卷风！

练一练：把它写下来！

每日任务萃取器：写下你今天必须完成的3项最基本的任务。记住那条黄金法则：简单一点！

1. ....

....

....

2. ....

....

....

3. ....

....

....

练一练：把它写下来！

每周任务萃取器：写下你这周必须完成的3项最基本的任务。

1. _____

_____

_____

2. _____

_____

_____

3. _____

_____

_____

水准仪

　　最近，我试着在办公室墙上挂一张又大又重的横版海报。我用钉子把海报钉在墙上，目不转睛地看了看后，以为它挂正了。后退一段距离后，我发现海报的右上角比左上角高了七八厘米。一位同事过来想帮助我。我调整了一下海报，他一直说："右边还是太高了！"最后，当我把右边往下移了之后，他说道："好了！这下正了！"我往后退了一步。一阵沉默之后，我们一致认为现在左上角又高了七八厘米。

　　我们的感知经常这样欺骗我们。直觉上，我们认为某些东西已经平衡了，而实际上，它完全没有平衡。

神经科学箴言

我们不能总是相信自己对事物的感知。正如作家克里斯托夫·科赫（Christoph Koch）在《外表会欺骗我们：为什么感知和现实并不总是相符》（"Looks Can Deceive: Why Perception and Reality Don't Always Match Up"）一文中所说："我们无法做到完全客观，即使在我们最平凡的观察和印象中也是如此。我们对周围事物的感知受到许多短暂因素的影响和干扰 —— 我们的力量和精力水平、我们的自信、我们的恐惧和欲望。作为人类，我们需要通过自己不断变化的镜头来观察这个世界。"（科赫，2010）

几天后，我带来了一个水准仪，海报的问题迎刃而解。这让我有了一个想法：如果我们有一个心理水准仪，

可以让我们在感觉不平衡的问题上取得平衡，这听起来怎么样？

这个心理水准仪的其中一端我称之为"放松散漫"。我知道这是一个荒谬的词，但是当处理像焦虑这样过于严肃的主题时，搞怪一点的词往往效果更佳。毕竟，焦虑已经让你处于"非生即死"的心态中了，你能做的最好的事情就是开始引入一些听起来很荒谬的词，因为这些词可能会让你跳出这个框架，继而让事情变得轻松一点。

水准仪的另一端我称之为"紧张焦躁"。当然，你可以决定哪个词对你来说最合适，或者选择另一个有着类似意思的词。我会尽量避免那些会引起你强烈负面反应的词语。以下是一些你可能会使用的词语："太放松/太僵硬""灵活/死板""太混乱/太挑剔"，或者其他能吸引你并且不会引发你任何抗拒心理的措辞。

在经典喜剧电影《单身公寓》(The Odd Couple)中，菲利克斯·昂格尔性格古板，容易紧张，而奥斯卡·

麦迪逊则是一个散漫的懒汉。菲利克斯不停地打扫，一刻也不能放松；而奥斯卡生活在脏乱之中，根本无法有序地管理自己的生活。他们被迫住在一起，于是冲突不可避免地发生了。

与这些喜剧电影中的人物不同，我们的现实生活是非常复杂的，不可能简单地用"挑剔"或"散漫"这样的标签就能概括，而我们的想法也并非一直都是混乱的或者挑剔的。重要的是要意识到这一点，避免给你美好而复杂的自我贴上标签。也许你对穿什么很随意，因为你享受自由的感觉。那么，不要改变它！也许你对如何把盘子装进洗碗机里有些较劲，因为你已经知道如何以玩俄罗斯方块的方式把盘子叠放好。那么，如果这种方式适合你，你就不需要做出调整。

在生活的某些领域，你的思维模式可能对你很有效，而在某些领域，你可能觉得需要别人帮忙调整一下。我们是如此复杂，以至于即使在生活的某些特定领域或方面，我们也可能从水准仪的一端转到另一端。也许你

在准备考试时很有条理，但在按时完成任务时却手足无措。也许你不把别人看电影迟到放在心上，但当你的助手迟到几分钟时你会变得不留情面。

问问你自己："我觉得我可以在生活的哪些领域或方面做出调整？"

示例：我很难放松，因为我觉得我必须一直回复工作中的电子邮件。

再问问自己："我的水准仪的**中间区域**是什么？什么事情会让我感觉合理而不至于太过极端？"

示例：回复工作邮件太容易让我感到紧张了。

中间区域：试着确认是否是紧急情况。如果不是，那么我就不需要立即回复邮件。

为什么我会纠结这个问题？当其他人不回复我的邮件时，我真的不喜欢这种感觉。但是话又说回来，只要他们在合理的时间范围内回复我，那也没关系。
他们不必立即回复邮件，那我也不需要这样。

示例: 我对孩子们的睡觉时间管得太松了。他们睡得太晚了，感觉已经失控了。有几天早上，我几乎无法按时让他们起床上学。

中间区域: 在上学的晚上，我可以试着更严格地要求孩子们早睡，但是在周末晚上，我不需要对他们这么严格。

为什么我会纠结这个问题? 因为小时候我父亲对我的睡觉时间要求非常严格，而且他脾气暴躁，所以我不喜欢我小时候经历的那种感觉。在这个问题上，我不必像我父亲那样极端（或脾气暴躁），我可以寻找一种更简单、更温和的方式来处理它。

中间区域

在困扰你的问题上找到中间区域是取得平衡的好方法。通过弄清楚什么是"合理"或"均衡"的方法，你便可以用更简单的方式来引导自己对这个问题进行思考。记住，在这个过程中不要对自己太苛刻：想法仅仅只是想法，你可以很容易地开始改变那些让你感到纠结的想法。勤加练习即可！

练一练：把它写下来！

我感觉我需要在以下方面进行调整：

....

....

....

太过……（可以填上"放松散漫"或者"紧张焦躁"）：

....

....

....

中间区域：

....

....

在我看来，我为什么会纠结这个问题：

....

....

工具 ⑥

能量表

　　生活中的一切都是能量。无论从事什么活动（除了睡觉），你都会消耗一定的能量。如果你忧愁至极，你就会消耗大量的精神能量，这会影响你做其他事情的能力。每个人每天的精力都是有限的。这对某些人是一种提醒——他们总是期望自己拥有无限的能量，但这种期望是不合理的。

　　想想老式汽车内的油量表，半圆的一侧写着字母"E"，表示"空"，中间有一条红线，另一侧写着字母"F"，表示"满"。当油箱全满时，整个车动力十足，你可以踩下踏板，飞速前进；当指针在中间位置时，你虽然不能随心所欲地加速，但可以保持一定的速度前进，不会出现什么问题；当指针接近字母"E"时，那你最好下高速，找个加油站加油。

有时，人们很难顺利地从满油状态到中间状态再到空油状态。如果你和自己的身体保持连接，你会注意到自己的身体何时会向你发送信号。这些信号有时表现为肌肉疼痛或头痛；有时表现为眼睛感到困倦；有时表现为焦虑在你的大脑中愈演愈烈。这时，习惯于"完成任务"的人会踩下油门，从而迅速耗尽车内剩余的燃料。

想象一下你正在参加一个聚会，时间已经很晚了，没有这种"完成任务"习惯的人可能会想："天啊，我困了。这个聚会很有意思，但我现在该回家了。"当他们开车回家之后，他们会意识到自己的能量表已经指向了"空"的位置，然后毫无负担地上床睡觉。

当一个人高度焦虑时，他们不会有回家的意识，除非他们的油箱已经空得不能再空了，空到指针已经在

"空"右侧的区域振动了（如果你在成长过程中接触过老式汽车，肯定见过这种情况）。汽车在高速公路上就是这样把汽油耗尽的——因为你以为即使指针指向了"空"，你的车还能再开个25千米。

当你的能量表指向"空"的位置时，你会怎样？在身体上，这并不一定意味着你连跌跌撞撞地爬上床都做不到。但在心理上，你可能会感到崩溃。你可能会哭，可能会感到沮丧，可能会感到非常紧张，可能会难以阻止焦虑的想法进入你的脑海，可能会整夜在房间里走来走去而不去睡觉。你将成为一个筋疲力尽的人。你可以通过下面这个简单的等式来记住这一点：

继续透支 = 潜在的焦虑峰值

那么，你的身体会给你哪些警示信号呢？参加聚会时，你发现时间不早了。你的身体试图向你发送信号，然而你忽视了身体的警告，你可能会想："哦，我没事。

我可能会感到疲惫，但我就再待一个小时。我还没见上约翰呢，他什么时候过来？也许我应该多喝点，多吃点。也许我应该去和那个人谈谈。也许我应该打电话给约翰，问他为什么迟到。也许我应该……也许我应该……"

于是，你的身体开始提高信号强度。接下来，你的能量表开始闪了，提示你能量已耗尽，而你仍然没有选择离开这个聚会。这时，一个次生高伤害可能会向你袭来，仿佛你的发动机已经开始冒烟了。

想象一下，一个可爱的、蹒跚学步的孩子刚吃了一大块蛋糕，在生日聚会上玩得很开心。当她的父母带她回家时，他们可能认为孩子会立即入睡。然而，一进家门，这个孩子就尖声大笑着在客厅里跑来跑去，足足跑了10分钟。然后，她躺在地板上，哭着喊着说她多么讨厌袜子。父母无奈地看着她，心想："这是……什么情况？"

几分钟后，孩子开始在地板上呼呼大睡。父母把她抱到床上，恍然明白道："哦，原来她只是累了！"每个父母都目睹过这样的场景……只不过有时让孩子哭闹的是讨厌的袜子，有时则是不对称的饼干。这就是一个人能量耗尽时的外在表现。只是有时在蹒跚学步的孩子身上比在自己身上更容易识别这些信号！

那么，我们可以采取哪些方法来了解能量表上指针的位置呢？

如何进行快速的身体／心理扫描

1. 检查自己的身体。

2. 做几个深呼吸。

3. 感受自己的身体，看看哪里感到紧张或有压力。

4. 现在，你的身体感觉怎么样？你的情绪怎么样？

5. 留意上述问题的答案并接纳它。这可以帮助你确认自己的感受和身体的需求。

6. 接着，你可以这样想："我感谢并听从我身体的

需求，我要把它们好好整理一番，这样我才能
尊重我的身体和大脑告诉我的东西。"

大多数时候，继续透支会让你在情绪上（如果不是身体上的话）感觉更糟。如果你能记住这是最有可能的结果，那么以后避免它就会变得更容易。

不同的人 = 不同的能量表

当处于一段关系中，有时你会感觉很难了解伴侣的能量水平以及这是如何影响他们的情绪的。你有没有注意到，你的男朋友在和你的家人吃完一顿短暂的晚餐后就需要好好休息一会儿，而你却可以与他的家人聊到午夜而不会感到疲倦？或者一对夫妇中的一个人往往想在周末外出，而另一个人只想待在家里看电视？这些都是我们可以观察到的不同的活动可能会以不同的速度消耗

或者补充我们的能量的例子。

由于我们有时会对彼此的能量表做出错误的判断，因此清楚地告知对方自己的能量需求也会对我们的关系有所助益。部分问题在于，我们中的很多人不知道自己什么时候是真的筋疲力尽。当你在身心俱疲时，你的外在表现会是什么样子？你会脾气暴躁吗？你会失去幽默感吗？你会试图一次性以很快的速度做完很多事情吗？你会突然需要一个人待在安静的房间里吗？如果我们能够更好地监控自己的能量表，那它也可以帮助我们更加注意其他人的能量表。然后，我们便可以注意到其他人什么时候会筋疲力尽，以及当他们筋疲力尽时会有怎样的外在表现。

学会使用能量表不仅可以帮助我们免受他人情绪的影响，还可以让我们集中注意力，对自己的状况有更多的了解。

练一练：一起把它写下来！

请与你的伴侣一起填写这份表格。在每个人的名字下列出容易消耗他/她能量的活动，然后写下能给他/她补充能量的活动。比较你们填写的内容，看看你们对彼此之间的共同点和不同点有什么新的认识。

示例：

1号参与者	2号参与者
消耗能量的活动： 工作会议 做家务	消耗能量的活动： 参加正式活动 聊天超过1小时
补充能量的活动： 小睡一会儿 读书	补充能量的活动： 玩电子游戏 读书

姓名	姓名
什么会消耗你的能量？	什么会消耗你的能量？
什么会给你补充能量？	什么会给你补充能量？

你的积极

自我对话

我正在
一步一步地
解决问题。

充电器

Chapter 2

当你感到社交焦虑

研究人员发现，
参加社交活动3个小时后，参与者的疲劳程度会变高。
令人惊讶的是，
这一点对于内向者和外向者都适用。

○ ● ○ ○ ○

工具7

社交电池

在面对社交场合，尤其是**新的**社交场合时，许多人很容易感到不知所措。我们非常渴望能在生活中的社交场合里感受到人与人之间的联系，然而不同的社交场合会以不同的方式影响我们的情绪。社交活动要求我们专注于阅读他人的视觉线索，倾听并关注人们的所言所行，并在所有这些线索出现时及时地做出反应。哪怕你身边有不认识的人，你也必须实时解读新的线索，并尽快处理它们。这些事情需要多少能量取决于你的个性以及你在做什么时会感到精力充沛。这也取决于你在其他责任、工作和承诺上花费了多少精力，以及你的身体整体感觉如何。

想象一下，你有一块这样的**社交电池**：

——100% 的电量

——50% 的电量

——1% 的电量

你在什么时候会只剩"1% 的电量"？一晚、一周、一月去多少次社交场合或参加多少社交活动会让你的能量消耗到只剩 1%？以下是关于这个工具的另一条你需要记住的规则：

每个人的社交电池会以不同的速度耗尽。

比如，以下三种人会因不同的情况处于 1% 的社交能量状态。

- 第一种人：一周之内，如果既与他人一起参加婚礼，又与他人一起在外吃晚餐和看电影，我的社交能量便会变成1%。

- 第二种人：与朋友共进一顿晚餐之后，我的社交能量便只有1%了。

- 第三种人：一个月内如果参加两场会议，我的社交能量便会变成1%。

神经科学箴言

你知道社交对每个人来说都是一件让人很累的事情吗？《为什么在社交时内向者会比外向者更容易疲惫》（"Why Socializing Drains Introverts More Than Extroverts"）一文的作者珍·格兰尼曼（Jenn Granneman）说："研究人员发现，参加社交活动3个小时后，参与者的疲劳程度会变高。令人惊讶的是，这一点对于内向者和外向者都适用。"

（格兰尼曼，2017）

　　我们的社交电池直接连接着我们的能量表。如果我们感到身体不适，那么可供我们使用的社交能量就会减少；如果我们感到精力充沛，那么我们或许可以连续参加多个社交活动。正因为如此，了解什么对你保持精力有用以及哪些社交活动可以让你振作起来会很有帮助。

练一练：把它写下来！

根据你自己的情况，在下面的横线上填写相对应的社交活动：

100% 的电量（让我感到充满活力的社交活动）：

....

....

50% 的电量（让我的能量消耗至 50% 的社交活动）：

....

....

1% 的电量（很快就能将我的能量消耗至 1% 的社交活动）：

....

....

　　你会如何给你的社交电池充电？在过度刺激的社交活动之后，你如何给自己充电放松？不同的人需要不同的方式来放松大脑和恢复状态。对一些人来说，这个方式可能是看书；对另一些人来说，这个方式可能是和好友一起喝咖啡。有些人觉得自己在一天结束时累到不想说话，而另一些人则喜欢把事情说出来，作为处理信息并放松自己的一种方式。

神经科学箴言

我们的大脑需要一定的休息时间才能处理信息、存储记忆和产生新的想法。《为什么你的大脑需要更多的休息时间》（"Why Your Brain Needs More Downtime"）一文的作者费里斯·贾布尔（Ferris Jabr）说："休息可以恢复大脑的注意力和动力，刺激大脑的生产力和创造力，无论是想要达到最高水平的表现，还是想在日常生活中形成牢固的记忆，这一点都至关重要。"（贾布尔，2013）

为了恢复身体各方面的平衡，你需要找出那些能**真正给你充电**的活动。许多人需要独处的时间来恢复社交时消耗的能量，但也有一些人可以在较小的群体中补充能量。

示例：

1. 我通过小睡来恢复社交能量。

2. 我通过和好友一起喝咖啡来恢复社交能量。

3. 我通过自己一个人玩电子游戏来恢复社交能量。

4. 我通过长时间散步来恢复社交能量。

5. 我通过在家练瑜伽来恢复社交能量。

6. 我通过速写来恢复社交能量。

对于需要大量社交的活动，最好预先给自己计划一些充电缓冲的时间。例如，在知道即使只参加一次会议也会使自己的社交电池消耗殆尽的情况下，如果你要参加一整天的会议，你是否在每次会议之间安排了足够的缓冲时间来避免让自己感到疲惫？在做日程安排时将充电时间考虑在内，这样做会对你很有帮助。

示例：

上午8点到10点：我必须参加第一个会议。

上午10点到下午2点：充电时间，我会回到自己的酒店房间看看书或者睡一会儿。

下午2点到4点：我将在会议上和别人联络感情，建立人脉，然后去参加另一个会议。

晚上6点到10点：充电时间，我会和工作上的朋友一起出去放松一下，减减压，我还会抽时间把之前没读完的书读完。

查看完日程安排后，你可以试着预测你全天的社交电池电量，然后算出你需要多少时间来给你的社交电池充电。

不可靠的电量估计

你有没有遇到过这种情况？当你突然来到一个不方便充电的新地方时，你惊讶地发现手机的电量只有1%

了，你明明给它充了5分钟电呀！

"这是什么情况？"你惊呼道，"我给手机充电了啊！是手机出问题了？"实际上，你并没有给它充满电——你在电还没充满之前就拔掉了插头。

有时，我们对自己真正需要的充电时间的估计会不那么准确。通常，我们倾向于**低估**我们恢复状态实际需要的时间。相反，我们经常认为"静止"的时间过得比实际的要慢。如果你曾经尝试过静默冥想，你就会发现5分钟有时会感觉像1小时那么长，这取决于你的大脑在想什么。然而，其实真的只过去了5分钟而已！而且，在经历了繁忙的一天之后，你很可能需要超过5分钟的时间才能让自己完全恢复过来。

当我们感受到压力时，下丘脑（位于大脑下部的一小部分）会向脑垂体发送警报信号，然后脑垂体会向肾上腺发送警报信号，从而触发压力荷尔蒙——肾上腺素和皮质醇——的释放。这些压力荷尔蒙在初次释放后可以在我们体内停留数小时之久。（汉尼巴尔和毕夏普，

2014）

你需要问问自己："在这些社交活动之后，我的社交电池需要多长时间才能充满电？15分钟够我解压吗？我需要休息多长时间才能让我的身体和大脑彻底恢复？"

然后（这是最难的部分），你需要记住，**你的充电时间和你安排的活动一样重要**。如果你能像重视活动时间一样去重视充电时间，那么在忙碌的一天结束时，你的压力就会有所减轻。

正式活动、生日派对和旅行度假等活动都有引发人们焦虑的可能。但你肯定不会这么认为，因为你觉得所有这些活动都是为了有趣、快乐或放松而安排的。然而，我们自己的期望和我们认为的他人对我们的期望通常会使我们无法将自己同我们正在寻求的感觉联系起来。我们可以控制的部分是 —— 我们**自己的期望**。

记住这一点很关键：在大多数情况下，你寻求的是感觉，而不是事物本身。最重要的是，你在寻求自己与感觉的联系。如果你在夏威夷的美丽海滩上过周年纪念

日时感到压力巨大，那是因为你头脑中有令你有压力的想法。虽然你和你的伴侣坐在沙发上，眼前没有任何美丽的风景，但你依然很幸福，那是因为你头脑中有令你快乐的想法。诚然，你身处的地方会影响你的感受，但是实际上，真正影响你当下感受的是你的想法。

那么，我们如何才能为即将到来的社交活动做好心理准备并在它到来时真正享受其中呢？还记得第 1 章里的任务萃取器吗？你可以将社交任务萃取器用于这些社交活动中。想想即将到来的那些让你感到不知所措的社交场合。然后，再想想你想在活动中完成哪几件能让你感受到积极情绪的事。记住，不要在你的清单上添加任何不必要的事情。

示例：

即将到来的活动：我的生日派对

你想在这个活动中体验或完成哪 3 件事？

1. 庆祝自己 30 岁生日！

2. 和我最好的朋友乔和史蒂夫聊聊。

3. 在卡拉OK唱自己最喜欢的歌。

如果对当晚的活动有任何其他想法，你都可以将其添加到**额外项目**中去。例如：去俱乐部，结识新朋友，去吃夜宵。但是要记住，这些只是额外项目，而不是必不可少的。我们要为体验成功做好准备，同时要抱有一种享受当下的心态。换句话说，不要让你的清单过载！

安排假日时光

人们往往对假期抱有很高的期望，而实际上，很多人在假期里经常感到压力巨大，至少在某些假期里是这样的。在假期里，多任务处理龙卷风也很常见，因为人们会在相对短的时间内安排太多新的行程，这有时让人感到比待在家里压力更大！

想想你的能量表，也许你还想在你的假期清单上添加一些不会那么快消耗自己的事情。如果你觉得待在人群之中会消耗你的精力，那就尽量少安排点人多的活动。毕竟，这是你的假期，为什么不选择那些能让你感到放松的事情，而非要挑战自己呢？不妨将挑战留到其他时间或更长的旅行中去——只要这一切对你来说更容易接受。

面对即将到来的假期，问问自己："哪三件事能让我感到快乐和放松，并且很容易完成？"尽量选择那些不太需要依赖与你结伴旅行的人的事情。想想你的能量表，也许你还想在你的假期清单上添加一些不会马上消耗你精力的事情。

例如，你的巴黎旅行清单可能是这样的：

1.　坐在塞纳河边的长椅上。

2.　在街头的咖啡店用餐。

3.　参观卢浮宫。

如果这些项目听起来很容易完成并能让你感到放松，那么请将它们放在主清单上。将其他想法写入额外项目中。

示例：

1. 买一件新夹克。

2. 找到某个老同学的地址，然后拜访他。

3. 尝试找到某个远房亲戚。

由于这些项目听起来稍微复杂一些，因此最好将它们放在额外项目清单中。

因为主清单上的项目都比较简单，所以你很容易完成目标，获得成就感。也因此，无论再发生什么别的事情，你都会觉得整个假期都是成功的，并且你是享受其中的！

练一练：把它写下来!

即将到来的旅行或事件：

....

....

....

....

....

列出你想完成的事情：

1. ....

....

....

....

2. ....

....

....

....

3.

额外项目:

工具 10
社交情景水准仪

　　焦虑有时会让我们陷入一种扭曲的认知，即"非有即无"。《感觉良好：新情绪疗法》的作者大卫·D. 伯恩斯将这种认知扭曲描述为："当你对事物的认知是非黑即白时，如果你的表现不够完美，就会认为自己是个彻头彻尾的失败者。"（伯恩斯，1980，p.56）

　　当感到焦虑时，我们很容易走极端。而且，通常情况下，我们会以**消极的方式**去看待这些极端。如果有人不回我们短信，他们一定是讨厌我们。当我们的想法像这样扭曲现实时，我们就不可能有中间立场 —— 我们不会认为这个人不回复信息是因为他正在开车或开会，或者因为其他一些事情而暂时没时间看手机，等等。不，他们肯定烦透我们了！如果我们在做报告时搞砸了，那是因为我们本身就是个失败者！我们根本想不到任何灰色地带，比如：没有人注意到我们，每个人都会忘记的，或者工作报告其实进行得挺顺利的。当我们陷入"非有即无"的思维模式时，我们会真的相信这是一个人在做工作报告时能犯的最严重的错误，每个人都会（以消极的方式）永远记住它。

社交情景水准仪可以帮助我们摆脱这种"非有即无"的思维模式极端消极的一面，并让我们的生活重新回归平衡。社交情景水准仪的一端是"消极情景"，即一种灾难性的思维方式，比如：一切都是灾难；事情永远不会解决；或者事情只会以最糟糕的方式得到解决。

社交情景水准仪的另一端是"积极情景"。这是一种更积极的思维方式，比如：对我来说，大多数时候事情都会好起来的；无论如何，我都能找到让自己感觉良

好的方法！

社交情景水准仪的中间是"中间情景"。它既不是积极的也不是消极的，只是对在特定情况下可能发生的事情的中性描述，就像"消极情景"和"积极情景"两者之间的中间地带。

以下是一些关于如何衡量你在某个主题上所处位置的示例：

示例： 我最好的朋友一整天都没回我的短信。

消极情景： 他恨透我了。我一定是个坏人。我肯定做错了什么。

中间情景： 他可能这会儿很忙或者一时被其他事情分散了注意力。

积极情景： 我相信不论他什么时候回复我，我们都会聊得很愉快！这会儿我可以专注于其他事情，稍后再与他聊天吧。

示例： 我不得不去同事家吃晚餐。

消极情景： 场面肯定很尴尬，去的人我肯定一个也不认识，他们也不会对我有好感。

中间情景： 可能不会那么糟，反正就待几个小时。

积极情景： 我能愉快地享用晚餐，兴许还能愉快地和别人聊天！

中间地带

为什么知道中间情景是什么对我们来说是件好事呢？因为有时候，如果你的积极情景没有实现，那么记住中间情景是什么也能让自己保持情绪上的平稳，这样你就不会直接陷入绝望的消极情景中去。我把中间情景称之为"中间地带"。当我们对未来的事情抱有很高的期望并且我们的大脑认为做这些事情会有回报时，大脑就会释放多巴胺（引起愉悦感的神经递质）。然而，如果我

们没有得到所期望的回报，我们的多巴胺水平就会直线下降，这会让我们感到非常沮丧。通过中间地带提前管理我们的期望可以帮助我们以一种更轻松、更温和的方式驾驭这个多巴胺过山车。

神经科学箴言

当感到多巴胺水平突然变化时，我们会感受到相应的积极或消极情绪。《（不太大）的期望》["（Not so Great) Expectations"]一文的作者大卫·洛克（David Rock）表示："相比于预期的奖励，意料之外的奖励会刺激大脑释放更多的多巴胺。因此，工作中的意外奖金，哪怕是很小的一笔，对你大脑化学反应的积极影响都会超过预期的加薪。但是，如果你没有得到期待的奖励，多巴胺水平就会急剧下降。这种感觉并不愉快。"（洛克，2009）

在大学时，我有一个非常喜欢过万圣节的朋友。有一次，她决定举办一场盛大的万圣节派对，客人主要是随机邀请的陌生人，比如每天为她制作浓缩咖啡的咖啡师，一些她在艺术课上结识的人，还有其他跟她有类似交情的人。此外，她还邀请了10个好朋友。

她想象着会有30个人来参加她的派对，并对这一点坚信不疑，完全忽略了中间地带。等约定的时间到了，只有她的10个好朋友出现了。这听上去很棒，但实际感觉如何取决于她自己如何看待这种情况。显然，她不这么认为。她整个晚上都处在紧张和焦虑的情绪中，时刻盯着门口，期待那些还没出现的人到来。而我们这些受邀穿着万圣节服装到场的朋友却被晾在一边，在尴尬的沉默中"咔哧咔哧"地咬着薯片。因为其他20个人一直没有到，所以她根本无心玩乐。我记得那晚她穿得像一只大黄蜂，站在人群中央，夸张地挥舞着带翅膀的手臂，宣称："这个派对是一场彻头彻尾的灾难！"

在某些时候，我们都曾是这只夸张的大黄蜂。

　　几天后，她的心态恢复了，能够对这种情况一笑置之了。她承认："如果他们都出现了，我会怎么做呢？这会让我更加焦虑！另外，就算他们都到了，我的公寓也根本容纳不了这么多人！因为它的空间本来就不大。"

　　听到这句话后，我突然意识到，很多人渴望从创造这种高期望中得到他人的认可或赞美。有时，这种渴望会促使我们试图创造一些情境，而实际上，与这些情境能够缓解的焦虑相比，它们引发的焦虑更多。

　　有没有一种方法能够让你得到更多你所渴望的认可或赞美，而不需要试图去强行让外部情况发生变化？

练一练：把它写下来！

描述曾发生过的令我感到失望的情况：

....

....

我有哪些期待？

....

....

我渴望/需要从这种情况中得到什么？

....

....

我可以用哪3个积极自我对话短句来帮助自己满足这
种需求？

1. ....

2. ....

3. ....

你的积极

自我对话

我越来越擅长接受新鲜事物了。

充电器

当你产生
焦虑的想法

在焦虑的大脑中，
杏仁核高度敏感，与前额皮质的连接会变弱。
因此，杏仁核会产生过多的错误警报，
比如认为一些良性的情况、评论或评价非常具有威胁性。
同时，前额皮质根本无法抑制杏仁核的这种思想腹泻。

○ ○ ● ○ ○

焦虑循环

第 3 章 当你产生焦虑的想法

　　我们的大脑天生就能够识别即将到来的危险，以确保我们的安全。自原始时代便是如此，当时每天都有各种各样的危险需要人们注意（比如试图咬死人类的凶猛的老虎和熊）。但现在，这种功能对我们来说不再那么有用了（除非你碰巧生活在一个到处是凶猛的老虎和熊的社区），它只会引起不必要的担心。

　　位于大脑颞叶深处的杏仁核总是在寻找威胁，这就像一个坐在地下办公室里的保安在时刻仔细地通过监控搜寻潜在的危险。当它察觉到可能的危险时，就会按下红色的警报按钮。还记得我们大脑前台（也就是前额皮质）那个过度劳累的档案管理员吗？档案管理员收到警报后会根据所提供的信息决定是接受还是忽略警报。

想象一下，保安（也就是杏仁核）突然变得高度警惕，试图保护你免受任何可能的危险，并不停地按红色警报按钮。然后过度劳累的档案管理员开始感到困惑，因为信号出现得太频繁了，并且它不再能够频繁地忽略警报了，也很难就下一步的行动做出明确的决定。

这基本上就是当你经历"焦虑循环"（anxiety loop）时所发生的事情。焦虑循环是一种消极的思维循环，它会让你觉得自己陷入了困境。就好比一张坏了的唱片，无论你想了多少方法试图关掉它，它都只会继续重复播放着令人厌烦的曲调。例如："我没有通过那次考试。我知道我考砸了。我应该更加努力的，我应该多花点时间学习的。我很不擅长学习，也很不擅长考试，这就是我考试不及格的原因。我知道我考砸了……我应该更加努力的……"（循环重复4遍。）这张唱片不断地开

始又结束，结束又开始。有时，这个循环很长，相当长一段时间才会来一次。有时，这个循环非常短，以至于你想立即尖叫："啊！请不要再想那个了!!"

虽然你当时可能感觉不到，但其实你的大脑一直在努力地帮助你。在某个时候，可能是在你年轻的时候，你学会了在你的大脑中运行这个焦虑循环程序，因为你认为它会让你清楚地意识到你正在努力解决的问题的紧迫性。那位保安认为，不断地按红色警报按钮在紧急情况下可以解决问题，于是就这么做了。只不过——它从未真正解决任何问题。

最终，你的大脑了解到你不喜欢处于焦虑循环中，因为它让你压力过大，让你疲倦，头疼，或者无法入睡。大脑知道，让你从焦虑循环中解脱出来的最简单的方法就是让你进入一个新的循环，因为你已经在你的大脑中安装了循环程序。

以下是这个循环程序的运行方式：

你因为没有通过英语课上的考试而感到压力很大。你晚上睡不着觉，一直想着考试中那些你本可以做得更好的题目，想着你应该如何取得更好的成绩，想着教授会如何如何讨厌你，等等。

这种情况出现得如此频繁，以至于你想打破这个循环以获得一丝解放。你的大脑想让你跳出这个循环，但它没有安装跳出的程序，它只知道如何循环。所以，它会让你跳到一个**新的循环**。

新的循环：你想起你的前男友告诉过你，他在同一场考试中得了 A。现在，你想知道你的前男友在做什么。也许你应该上网看看。如果他交了新的女朋友怎么办？你为什么会和他分手？为什么他没有更喜欢你？他到底想干什么？

你现在已经进入了新的焦虑循环：前男友。这可能

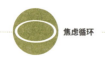

会导致你进入"为什么我没有选父母想让我选的专业"循环，然后再进入"我所有的朋友都比我过得好"循环，等等。这种情况可能会一直持续到凌晨……我称之为"焦虑循环跳跃"（Anxiety Loop Jumping）。最终，你甚至可能会回到最初的焦虑循环：考试未通过。到现在为止，无论是精神上还是身体上，你都已经筋疲力尽了。但你还没有想明白任何事或者找到任何解决方案，你只是成功地把自己压垮了。

神经科学箴言

当我们的杏仁核因焦虑的想法而受到过度刺激时，我们的前额皮质就难以处理它接收到的所有警报，正如马尔瓦·阿扎布（Marwa Azab）在《忧虑之痛：焦虑的大脑》（"The Pain of Worry: The Anxious Brain"）一文中说的那样："在焦虑的大脑中，杏仁核高度敏感，与前额皮质的连接会变弱。因此，杏仁核会产生过多的错误警报，比如认为一些良

性的情况、评论或评价非常具有威胁性。同时，前额皮质根本无法抑制杏仁核的这种思想腹泻。"（阿扎布，2018）

日志：了解你的焦虑循环

你经常会跳到哪些循环？列一个清单。给你的循环起名字是一件很有意义的事情。它大概是这样子的：

示例：

1. "我未通过考试"循环。
2. "前男友"循环。
3. "朋友比我更成功"循环。

接着，再加一列，在其中填入这个循环的具体诱因。

我的焦虑循环	具体诱因
1. "我未通过考试"循环	看到了考试成绩
2. "前男友"循环	看到了以前的照片
3. "朋友比我更成功"循环	看到了成功的朋友的朋友圈

当你感到被触发时，试着看看它是如何让你陷入循环模式的。然后，将你大脑中的循环连起来，或者将它们记录在日志中。例如：

当我想到那场考试时，我经常陷入焦虑循环。这会导致我感觉自己在某些事情上失败了，而其他人却成功了。

当退后一步，你可以看到你的焦虑循环是如何发生的，以及一天中你陷入焦虑循环的频率。这种正念的知识将会消除焦虑循环对你的不利影响。你越能意识到你想法中的焦虑循环，就越容易更快地摆脱它。

练一练：把它写下来！

我的焦虑循环有哪些？

_____

_____

_____

我的焦虑循环的诱因有哪些？

_____

_____

_____

这些循环会在一天的特定时间被触发吗？（比如：在
睡前被触发关于健康的焦虑循环等）：

_____

_____

_____

_____

有趣分心事

无趣分心事

工具11

有趣分心事筛子

我们的大脑总是在做一件事情：寻找快乐。当我们担心时，当我们有压力时，当我们用脑过度时，我们的大脑就会大声呼喊："拜托，拜托，现在给我一点快乐吧！"这是因为当我们体验到快乐时，大脑会产生内啡肽、多巴胺、血清素和催产素等化学物质。当这些大脑化学物质中的任何一种的水平变得非常低时，我们就会开始感到压力、焦虑、抑郁、自卑、自我怀疑或缺乏自信。

来访者经常告诉我他们无法放松，因为"总有我应该做的事情"或"我觉得我做得还不够"。但是，如果我们过于频繁地逼迫自己，不去停下来补充使我们感到有趣的化学物质，那么我们可能会开始感受到消极情绪，从而难以提高工作效率或是清醒地专注于各项任务。

由于我注意到当人们工作太努力而没有花足够的时间来调整自己的状态时，他们有时会难以记住有趣的事。因此，有趣分心事筛子便应运而生了。

寻找快乐与采取行动同样重要。要做到这一点，我们需要注意，大脑在做有压力的事情的间隙需要补充一些微小的快乐。往往正是在补充这些微小的快乐的休息中，我们获得了对所面临的挑战或项目深刻的见解和清晰的认识。

当你陷入焦虑循环时，你需要的是一些有趣的分心事，而不是无趣的分心事，这样你才能恢复平衡。但是，当处于这种特殊的精神状态时，你要如何找到对你来说真正有趣的分心事呢？这件事做起来可能比看上去更困难！

　　有趣的分心事因人而异，具体取决于他们在特定时刻真正感到有趣的是什么。例如，对有的人来说，有趣的分心事可能是做仰卧起坐，因为这让他们觉得他们正在掌控一些事情；但对有的人来说，做仰卧起坐显然不好玩，因为它很困难，还会让人出汗。有的人可能会认为给卧室挂新窗帘是一件有趣的事，因为装饰房间可以分散他们的注意力；有的人可能会认为这是一项烦琐的任务，因为还得去车库里找螺丝刀。看电影、玩电子游戏和浏览社交媒体也是如此。

　　只有你自己知道什么对你来说是有趣的，什么是无趣的（它可以经常发生变化，甚至每天都在变化）。当来访者第一次填写有趣分心事那一栏时，我会再问他们一个问题，以确保他们在那个特定时刻确实为自己挑选了一些有趣的事情。因为，你会惊讶地发现，有很多无趣分心事伪装成有趣分心事进入了他们的清单。

　　举个例子，一位来访者说他想把写简历填上去，因为写简历可以让他在思考工作问题时稍微放松一会儿。

我: 此时此刻,这确实是一件会让你感到有趣的事吗?

来访者: 当然!这会让我感觉自己在积极主动地推进我的计划!

我: 如果你现在觉得这很有趣且可以做到,那就去做吧!

或者……

来访者: 实际上,我现在觉得这事儿一点也不好玩,甚至仅仅是看我自己的简历都会让我感到压力山大。

我: 也许现在你需要找一些能真正让你感到有趣和放松的事情。

再看一个例子,你想在有趣分心事那一栏加上"烤纸杯蛋糕",以分散自己在恋爱关系中的注意力。

后续问题: 此时此刻,这真的是一项有趣的活动吗?

回答：是的，烘焙让我感觉很放松，也能让我冷静下来！我一直很喜欢烘焙！

或者：不，我压根儿不知道怎么烘焙，我也没有烘焙工具，还得出去买。我现在感觉很难受，还是把它从清单中删除吧。

你会惊讶地发现，在你的潜在有趣分心事清单中偷偷藏着很多无趣分心事。在把某项活动添加到有趣分心事清单上之前，请务必好好倾听自己内心的声音，然后跟随它。

以下是有趣分心事筛子的使用方法。当你对某个特定的问题感到焦虑时，不妨停下来想想，在那个特定的时刻，你可以做哪些有趣的、有益的分心事。列出可能的事项清单会很有帮助，尤其是当你不那么焦虑的时候。

以下是关于有趣分心事筛子的一个示例：

问题：我一想到明天要参加那场工作会议，就焦虑到爆。

有趣分心事	无趣分心事
在奈飞（Netflix）上看有意思的剧	再看一遍会议议程
看我喜欢的侦探小说家的作品	做10个仰卧起坐
在家附近找到味道最好的拉面	处理工作邮件
在优兔（YouTube）上看冥想视频	在网上搜索跟焦虑有关的信息

每列至少写5件事。然后，你可以向自己保证，每当你开始感到自己陷入焦虑循环时，只要满足以下要求，你就会去做清单上的有趣分心事：

- 这些事现在对你来说很有趣。
- 这些事对你的身心都有益。
- 这些事完全与你现在焦虑循环的诱因无关。
- 这些事做起来很简单，你自己就能完成。

最后一点很重要，因为焦虑循环通常发生在晚上，或当你已经很累的时候。此外，如果你计划的有趣活动是"和珍一起看电影"，那么当珍无法在凌晨2点陪你看电影来帮助你摆脱焦虑循环时，你会很受挫。

写入无趣分心事那一列的活动需要满足以下条件：

- 当陷入焦虑循环时，你通常做的那些不会让自己感觉更好的事情。
- 当时对你的身心都无益的事情。
- 那些必定会让你更加焦虑而不是缓解你的焦虑的事情。

重要的是，要不断地检查自己的清单，以便提醒自己在焦虑的情绪中应该做什么和不应该做什么。制作新的有趣分心事清单也很重要，因为你关于有趣的看法可能会不断改变！

练一练：把它写下来！

有趣分心事	无趣分心事

工具 12

尴尬冲浪板

有时，我们认为尴尬的事情会引发我们的焦虑循环。通常，这些尴尬的事情会引发我们内心的核心消极信念，例如"我总是说错话！"或者"我到底怎么了?!"。

通常，这种消极的自我对话不会给我们带来任何好处。它常常会引发我们数小时的自我批评，而实际上，尴尬的时刻可能最多只持续了几分钟。学会避开这个特殊的坑，远离个人痛苦难道不是更好地利用自己的精力的方式吗？那么……如何坦然面对尴尬所带来的不适感呢？

比方说，你无法停下来不想那些你说的在你看来非常尴尬的话。甚至只要一想到自己说过那些话，身体就会瑟缩起来，并且如果有人问你在想什么，你绝不会告诉他们，因为你坚信这是有史以来人类说过的最愚蠢/最

糟糕 / 最尴尬 / 最羞耻的话。

首先，试试变焦器（详见第 1 章）吧。把镜头从当前的情况上不断拉远，拉远，再拉远。然后理智地问自己："在全世界人类的历史上，这是一个人对另一个人说过的最尴尬的话吗？有史以来最尴尬的那种？我真的愿意相信这个毫无根据的想法吗？"

如果这个方法不奏效，不妨试一试**尴尬冲浪板**（the embarrassment surfboard）。这块神奇的冲浪板会带你冲破尴尬的浪潮，到达解脱的彼岸。就像海浪一样，尴尬的浪潮有一个波峰，在波峰的顶部，是尴尬的感觉最强烈、最令人不适的地方。在那之后，它的强度会逐渐消退，最终把你送到岸边，在那里你会突然对情况有更多的了解，并感到一丝解脱。

要想冲破尴尬的浪潮，你需要：

1. 做几次深呼吸。

2. 让情绪放松下来，不要抗拒它。通过呼吸进入情绪之中，并提醒自己："这只是暂时的情绪波动，我可以简单地通过呼吸度过这段时间，直到我到达终点。"

3. 有意识地深呼吸，并专注于呼吸。让——这股——情绪——随着——每一次——深——呼吸——消散。

4. 等待这股情绪消散，然后做出明确的决定：把它抛之脑后，继续前进。

如果你在波峰的时候没有进入更多的消极想法循环，那么波峰就会开始下降，然后整个过程便会在几分钟后（也许稍长一点儿）结束。试着再加入一些自我安慰的积极自我对话，你会更快到达彼岸。

为了冲破这股浪潮，积极自我对话充电器会对你这样说：

● "会好的，它会自己消失的。"

◈ "这只是暂时的情绪，它会过去的。所有情绪都是暂时的。"

◈ "我正在慢慢想明白，这已经足够了。"

◈ "我不需要很完美，我现在已经很好了。"

◈ "我做得够多了，我现在不需要再做其他事了。"

◈ "我能够呼吸，我能够让情绪消散。"

◈ "我很擅长适应，我能适应并成长。"

总结一下，如果你能通过深呼吸，并且不增加其他消极想法，同时加入一些自我安慰的积极想法来渡过当下的难关，那么它会更快地结束。事实上，整个过程只需要几分钟！然后，你就可以做出明智的决定了，而不会重蹈覆辙，让自己再次陷入同样的尴尬境地。释放你的能量，这样你才能拥有更好的想法和更好的感觉。

练一练：给冲浪板涂色！

为下面的冲浪板涂上颜色，让你的大脑稍微放松一下。在冲浪板上写下一个积极的小想法，让你在下次不得不冲破尴尬的浪潮时给自己一点安慰。

大脑弹跳

　　当你陷入焦虑循环，并且由于没能及时使用之前提到的工具，甚至想不出任何有趣的分心事，这时会发生什么？几年前，我因一个无法弄清楚的问题而迅速陷入焦虑循环的流沙之中。当时，我的焦虑已经越过了代表自己的红色警戒线的数字，我不断地在脑海中重复这个问题，以至于很难专注于我周围的任何事情。

　　那时，我7岁的儿子完全不知道我被困在焦虑循环中，他要我和他一起在他的床上蹦，同时在他的房间里大声播放着他最喜欢的歌曲。在他可爱而不懈的坚持之下，我最终同意了，开始和他一起在床上蹦。几秒钟后，我发现在床上蹦并保持焦虑循环几乎是不可能的。也许这就是孩子们喜欢在床上蹦蹦跳跳的原因。这很有趣，能立即让你心情变好。而且，为了不从床上掉下来，你的注意力必须全部集中在这项活动上。

即使在开车、说话、走路或做其他事情时，我们大多数人也还是会担心。是的，我们就是那么喜欢担心！有时，摆脱焦虑循环的唯一方法就是欺骗你的大脑，让大脑开始一项它无法与担心同时进行的新活动。

一些专门从事眼动脱敏与再加工[①]治疗的治疗师利用平衡板帮助人们摆脱强烈的情绪状态。当你站在平衡板上时，它会随着你的移动而倾斜和晃动，因此你的大脑只能专注于保持平衡，而无法思考其他任何事情。对某些来访者，我建议使用情绪释放技术（Emotional Freedom

---

① 眼动脱敏与再加工（Eye Movement Desensitization and Reprocessing，EMDR），一种整合的心理疗法，是借鉴控制论、精神分析、行为、认知等多种学派的理论，建构加速信息处理的干预模式。主要用于减轻创伤体验和帮助危机当事人的心理康复。

Technique，EFT）"轻敲"的方法，包括跟着视频用手指轻敲面部和肩膀上的某些穴位（你可以在视频网站上找到许多免费的 EFT 视频）。这样你就可以通过动作的重复来分散大脑的注意力，从而将你从焦虑中拉出来。

为什么这些方法会奏效？据《尝试学习新事物来应对压力》（"To Cope With Stress, Try Learning Something New"）一文的作者张（Zhang）、迈尔斯（Myers）和梅耶（Mayer）所说："在最近的两个研究项目中，其中一个的研究对象是来自不同行业和组织的员工，另一个的研究对象是住院医师，我们发现有证据表明，参与学习活动可以帮助工作人员缓解压力的有害影响，包括消极情绪、不道德行为和疲劳。"（张、迈尔斯和梅耶，2018）

当我们的大脑忙于理解新事物时，我们的注意力就会完全转移到新活动上。如果新活动既具有一定的挑战性，又不会让我们过度紧张的话，那么你可能会让自己走出焦虑循环！

以无压力的方式挑战新活动 = 结束焦虑循环

　　我的来访者会通过以下大脑弹跳的方式摆脱焦虑循环：

- "我会一直玩拼图游戏，直到我感觉好一些为止。"
- "我会用新的剪辑软件剪辑老视频。"
- "我会试着背诵我最喜欢的诗歌，并在日志中把它默写下来。"
- "我会选择与我平常跑步的路线相反的方向跑步。"
- "我会外出散步，然后给沿路那些漂亮的花儿拍照。"
- "我会去完成我的第一幅数字绘画。"
- "我会用钢琴练习一首新曲子，直到我能够熟练弹奏为止。"
- "我会去拼一个复杂的乐高积木。"

◎ "我会跟着视频练习西班牙语短语。"

可以用一个简单的方式记住这个工具：

当你有疑虑时，
用你的大脑做点不同的事情。

无论是创意活动、锻炼、拼图、游戏还是学习新技能，找一些有趣的事情，让你的大脑以一种全新的方式集中注意力，这样你便可以让自己远离焦虑循环。那么，哪些新的、不同的活动可以让你的大脑摆脱焦虑循环呢？

练一练：把它写下来！

不妨头脑风暴一下，想一些可能适合你的活动，下一次当你开始陷入焦虑循环，想要借助大脑弹跳这个工具走出时，可以看看自己的清单并选择其中一个试一试！

1.

2.

3.

社交媒体筛子

　　对许多人来说，社交媒体带来的焦虑多于享受。如今，许多人用社交媒体向他人展示自己的成功，无论这种成功是职业上的、感情上的、社交上的，还是经济上的，他们营造出的形象都是为了讲述这个特定的故事而不是其全部故事。例如，大多数人可能不会发自己感染肠胃流感或收到停车罚单的照片。这类事情被人们从自己的社交媒体动态中精心地排除掉，只留下那些"胜利"照片。尽管从逻辑上讲，我们可以理解这一点，但看着这些"胜利"照片时，我们难免会将自己的生活与其进行消极的比较。

神经科学箴言

虽然你可能想通过浏览社交媒体动态来让自己感觉更好，但实际上，这可能会让你感觉更糟！根据宾夕法尼亚大学的一项研究："科学家让一组人将自己的社交媒体浏览时间限制在每天 30 分钟内，而另一组人则没有这个限制。3 周后，与使用社交媒体时间不受限的第二组相比，使用社交媒体时间受限的第一组整体感觉没有那么沮丧和孤独。"[麦克斯威尼（McSweeney），2019]

一方面，当你已经感到不堪重负时，看到其他人的这种"胜利"，可能会让你陷入消极的自我比较的焦虑循环。另一方面，由于每个人的性格不同，不一定每个人都会在别人的假期、可爱宠物或咖啡拉花的照片中找到

慰藉或灵感，所以当你处于焦虑状态时，只有你才能判断看什么会让自己感觉好一些。

问问自己："当我感到焦虑时，哪些照片会让我感觉更好？哪些照片会让我感到更焦虑？"需要明确的是，在你看来，哪些照片是有趣的社交媒体分心事，哪些照片是无趣的社交媒体分心事。如果想具体了解这一点，你可以列一个清单。

比如，某人的清单可能是这样的：

有趣的社交媒体分心事	无趣的社交媒体分心事
搞笑的动物照片	别人的蜜月照
拼趣①	推特
励志鸡汤	度假照片

并不是说写这份清单的人永远不能去照片墙

---

① 拼趣（Pinterest），一个外国的图片分享网站。——译者注

（Instagram）上看别人的度假照片，只是不要在自己处于焦虑循环中时去看！当你处于与焦虑不同的情绪状态时，也许浏览度假照片会让你感到欢欣鼓舞 —— 而不是引起更多的焦虑。在某些社交媒体网站上，如果你发现你的焦虑经常且持续地被相同的事物引发，你也可以专门过滤掉某些关键词或图片。

练一练：把它写下来！

筛选你经常访问的社交媒体和网站，找出对你来说有
趣的社交媒体分心事！

有趣的社交媒体分心事	无趣的社交媒体分心事

你好

我的名字是……

工具15

名牌

　　情绪只是大脑的临时状态，我们每天都会经历几十次不同的临时状态。重要的是，不要让你所处的临时状态以某种方式与你的个性联系在一起。叙事治疗师常利用"将问题外化"的概念，即通过将问题拟人化为名为"焦虑"的外部事物，让人们将他们的担忧与自身区分开来。这有助于人们更加注意焦虑是如何影响他们自身及其决策过程的。它还可以帮助他们探讨当焦虑开始控制他们的思想时会发生什么。

　　在将问题外部化时，我喜欢让来访者更进一步，将焦虑变成一个想象中的卡通人物。这有助于人们以一种有益的、创造性的方式发挥他们的想象力。还记得我们在第 1 章中谈到的消极话语吗？内心的消极声音在不同的人看来扮演着不同的角色，说的内容也不同。焦虑角色可能会整天对你说"你又搞砸了"或"你总是忘事儿"。而对其他人，焦虑角色可能会说"你为什么不快点"或"你为什么不努力工作"。

例如，我问一位来访者焦虑告诉了她什么，她表示她的焦虑这样对她说："你还没有足够快地完成你需要完成的事情，还没有及时取得里程碑式的成就，就已经开始老了！"

然后，我让她告诉我如果这个焦虑角色是卡通人物的话会是什么样子。经过几秒钟的沉思，她说也许是一个脾气暴躁、穿着白色 T 恤的体育教练。

我们俩都哈哈大笑。

"这个体育教练是你真的遇到过的吗？"我问她。

"不是，不知道为什么，这个形象一下子就出现在

了我的脑海里。"她一边笑着一边回答说。于是,我们把这个虚拟形象命名为"焦虑体育教练"。

所以,现在当她脑中开始冒出"我做事不够快,我的职业发展比我所有的朋友都落后得多"时,她可以退后一步,重新审视自己,然后对自己说:"等等,等一下,焦虑体育教练又在说话了!"再然后,她可以补充说:"谢谢,但我现在不需要你的帮助,焦虑体育教练,这事儿我自己能搞定。"

我总是鼓励人们善意地看待他们内心的消极声音。通常,焦虑体育教练的出现是为了在某个时候帮助你,可能是在你年轻的时候帮你度过艰难的岁月,也可能是为了帮你完成小学1000米的跑步。但很明显,他现在并不能解决你的任何问题,所以你可以简单地感谢他之前的帮助,然后——轻轻地把他送走。

创建对立角色

在创造了焦虑体育教练后，我问来访者是否可以创造一个积极的对立角色来消除焦虑体育教练的影响。于是，她创造了一个看起来很开明的女人，叫作"冷静女神"。她会说一些舒缓、放松的话来反驳焦虑体育教练的批评。比如，冷静女神会说："你做得很好，做得也够多了！继续前进！"

想象这些角色的样子的最好方法就是不要想太多。当你问自己"这些角色长什么样"时，不管什么稀奇古怪的形象出现在你的脑海中，选它就对了！

以下是一些很有创造力的人喜欢将自己的焦虑卡通人物想象成的样子：

- 焦虑鼻屎团。
- 专横的商人（总是在看表）。
- 忧心忡忡的暴风云。

- 焦虑走鹃[①]。

当你在纸上画出你的焦虑角色时，你越能让自己发笑，你的大脑就会感觉越好。因为笑会释放内啡肽，当我们因焦虑的想法而产生压力激素时，它能帮助我们对抗其消极影响。你越能找到嘲笑你内心的消极声音的方法，你的压力就越小；你越是让你的焦虑角色变得傻里傻气，你就越想笑。

请开始这个练习（同时也是开始以一种更幽默的方式看待事物），想象一个名牌，上面写着："你好，我的名字是＿＿＿＿＿＿＿＿"

在上面写下焦虑角色的名字、样子以及它们一般会对你说的话。让它们尽可能地卡通化。此外，一定要给它们一句口头禅，就是它们经常对你说的、能代表它们想法的话，比如"你永远不会取得成功""你总是在各种

---

① 鸟类，杜鹃的一种，常见于北美地区。——译者注

事情上失败", 等等。

尽量避免让你内心的消极声音看起来可怕又强大。真的不必如此, 因为它们只是你大脑暂时的情绪状态。它们看起来越傻, 你就越有自信把它们赶走。

练一练：把它画下来！

你好 ── 我的名字是：

在下面画出你的焦虑卡通人物，并画一个写着其口头禅的对话泡泡。如果你有灵感，你也可以画一个对立角色！

现在，我们已经具象化了我们的焦虑角色，这里有一个工具你可以用在它们身上。假如你半夜睡不着觉，而焦虑鼻屎团一直在大喊："你的生活节奏不够快！其他人都比你领先一步！"

首先，在你的脑海中创造一个安全、温暖的房间或避风港。它也许是树林里一个舒适的圆形小屋，也许是海边的一间小木屋。你会建造一个什么样的小屋呢？里面会不会有一只像大狗这样的宠物让你可以和它依偎在一起？里面有没有火炉？有没有摇椅？有没有一张舒适

的大床？

　　孩子们很擅长做这种练习。他们会用蓬松的枕头、柔软的毯子和周围毛茸茸的玩具朋友把他们的房间布置得非常舒适。你也可以充分发挥自己的想象力，描绘出你心目中舒适、安全的房间的所有细节，这些细节会美妙到让你一想到它们就忍不住嘴角上扬。

　　现在，想象自己就在这个房间里，非常安全和舒适。在房间的顶部，也就是屋顶上，有一个缩小射线枪——它可以是你脑海里突然浮现的任何一种缩小射线枪，哪怕看起来很荒诞也没有关系，或者它可以看起来像一个可以旋转并指向任何物体的卫星天线。然后，在整个房间周围，它会产生一个不允许任何东西进入的强大力场。

　　在房间里，你有一个带按钮的控制台。当焦虑鼻屎团试图敲门时，你可以按下控制台上的按钮，缩小射线枪便会指向它，并将它缩小到只有鼠标这么大。现在，它不仅看起来很可笑，听起来也很可笑！如果它又变回原来的大小，就继续缩小他，然后把他赶走，看着他仓皇逃跑。然后，你就可以安心地在温暖舒适的避风港里休息了，因为你知道这里会给你提供保护，让你感到很安全。

把你心目中的避风港画出来，然后，在顶端加一个缩小射线枪：

工具 17

火车票

　　我们的大脑就像一个繁忙的火车站，每隔几秒就会有新的想法火车驶进。每列火车都会带你去一个完全不同的情绪目的地。有一种培养正念的方法是，将自己想象成一个站在站台上的观察者，看着所有的想法从你的脑海中掠过。试着在站台上等几分钟，给每一列经过的火车贴上标签，然后对自己说："这只是我现在的一个想法。"培养这种正念意识可以帮助我们更好地理解一件事，那就是我们的日常想法是如何与我们的情绪联系在一起的。

　　大屠杀幸存者、神经学家和精神病学家维克多·弗兰克尔（Viktor Frankl）曾经说过："在刺激和反应之间有一个空间。在这个空间里，我们有能力选择我们的反应。我们如何反应取决于我们的成长，同时也是我们的自由。"［贝克–菲尔普斯（Becker-Phelps），2013］在这种情况下，正是刺激让火车沿着轨道驶向你所在的站台。也许你的朋友刚刚责怪了你，也许你刚刚意识到你上班要迟到了。那些火车现在正在轨道上疾驰而过。火车前面的告示牌上写着"我的朋友认为我很糟糕"或"我总是迟到"，但你需要记住一点：**你不必乘坐任何一列火车。**

　　在伦敦，当你走进地铁之前，会有一个声音提醒你："注意站台空隙！"想象一下，如果火车进站后也有一个声音这样提示你，那么在你上车之前的那段时间里，你就可以选择上车或者不上车。

找到不同想法之间的
空隙可以让你控制自己的
情绪走向。

每一个想法都会把你带到一个完全不同的目的地。"我总是迟到"的火车可能会把你带到一个名为"沮丧"的目的地。然而,"一切都会解决"的火车可能会把你带到一个名为"还有希望"的地方。你的想法与你在片刻后即将到达的情绪位置直接相关。

以下内容会告诉你怎样选择要搭乘的火车:

1. 留出几分钟待在原地,以放松的状态发挥你的想象力。

2. 想象一下,你手里拿着一张火车票,这张票上写明了你最终想要达到的情绪目的地:放松、快乐、平静……或任何你想要的情绪。

3. 当你在繁忙的火车站看着想法的火车驶近

时，请确定哪一列火车能带你去往你想去的地方。

4. 让那些你不想搭乘的火车就此驶过。当它们经过时，你要告诉自己："这只是我现在的一个想法。"

5. 你可以通过想出一个新的想法来创造一列更好的火车——是的，正是你让想法的火车在轨道上行驶。然后告诉自己"事情会自行解决的"或"我可以通过深呼吸来保持冷静和放松"。这类想法会把你带到更愉快的情绪目的地。

6. 想象一下，你正登上一列新火车，前往一个让你感觉更好的地方。

既然已经站在车站了——你是要选择压力火车还是平静火车？你是要选择快乐记忆火车还是抑郁记忆火车？你是打算搭乘自我责备火车还是自我原谅火车？在你上车之前，请试着记住你想要到达的目的地！

练一练：给它涂一涂！

给即将到来的积极想法火车涂上颜色 —— 给它贴上标签，并在火车内画出象征这种感觉的东西。

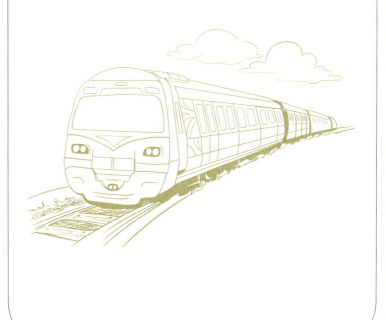

你的积极

自我对话

每天早上
都是我重新整装
上阵的机会。

充电器

Chapter 4

当你感到自卑

你必须练习你想要拥有的感觉。
要想做到这一点，
你可以试着在一天之内更频繁地为自己所做的每一件小事感到骄傲。
学着去欣赏自己，
为那些现在已经被自己解决的事情而自豪。

○ ○ ○ ● ○

洒水壶

既然我们都需要并渴望更多的认可和赞美，那我们如何才能更多地为自己续杯，而不是依赖别人呢？

想象一把洒水壶。纯粹的欣赏和爱的神奇之水从这把壶中洒出来。这把洒水壶就是你，你可以把神奇之水洒在你周围的每个人和每件事上。这就是幸福的感觉。如果你的内心充满了欣赏和爱，它们就会自然而然地从你身上流露出来。然而，当它是空的时候，你自然也无法将欣赏和爱倾洒在别人身上。这时，你需要装满你的洒水壶。其他人可以时不时地将爱倒进你的洒水壶里，这感觉会让你精神一振，但他们终究无法将它完全装满。

唯一能将它完全装满的只有你自己。你可以将洒水壶放在神奇的水龙头下，而打开水龙头的方式就是对自己说一些善意的话。

用积极的自我对话装满洒水壶

- "每周，我都在学习如何更爱自己一点。"
- "我为自己学到新东西而感到骄傲。"
- "每一天，我都能对自己和周围的人怀有善意的想法。"
- "我走的每一小步都在让自己进步。"
- "我越来越擅长用善意的眼光看待自己了。"
- "我欣赏自己。我欣赏自己的身体。我欣赏自己的心灵。"
- "我正在学习如何很好地应对新状况。"
- "我很擅长帮助别人和自己。"

● "我正在学习如何想出那些对我有益的想法。"

● "我正在学习如何对自己每天做的小事感到骄傲。"

如果你曾养过植物，想必还记得第一次拥有它的时候——你必须记住，每周都要手动给它浇水。你必须每个星期六装满一杯水，然后把它浇在植物上。然后，到了下个星期六，你必须再一次想起：我得给这株植物浇水！

很快，几个月过去了，每周你都会不假思索地主动给杯子装满水，然后浇到植物上。你甚至可能会自动重复这个动作。当看到这株植物正在茁壮成长时，你会下意识地知道你成功了，于是你便不再抗拒这项任务。你甚至可以边给植物浇水边唱歌，或者因为植物的美丽外表而产生幸福的感觉。

就像我们的植物一样，我们也需要得到定期的养护和照顾。一开始，你可能很难记住要把自己的洒水壶装满，即使这么做了，你可能也会觉得自己只是在走过场。

一周后，有些人会察觉到一种转变，开始有一种轻松的感觉，他们会更容易对他人表达欣赏。而对其他人来说，这可能需要更长的时间。每个人都有自己前进的速度，没有所谓的正确的时间限度。每次尝试一点儿，看看你的感觉如何。

在你感觉到转变之后，你需要知道，洒水壶不会因为你装满过一次就永远是满的，你必须定期给它加满水。但在某些时候，你会自动去做这件事，并且你会觉得这个动作很自然。于是，水很容易装入，也很容易流出。

练一练：把它写下来！

写下能够帮助你装满自己的洒水壶的几句自我对话：

_____

_____

_____

_____

_____

写几句你可以向周围的人倾诉的关于爱和欣赏的话，

因为你的洒水壶已经装满了：

_____

_____

_____

_____

_____

工具 19

成就之墙

　　我们都很清楚，在社交媒体上发布自己的动态可能会让你感到焦虑，因为你会在意别人是否喜欢它。那么，我们要如何庆祝我们在现实生活中取得的成就并真正地沉浸其中而不产生任何焦虑呢？

　　晒自己爬山的照片可能会让你感觉自己像是经历了一场胜利，直到只有四个人给你点赞。在这种情况下，它可能会让你陷入焦虑循环。你可能会感到沮丧，这不是你晒照片时所寻求的那种积极的感觉。练习如何庆祝自己的成就十分重要，并且这种庆祝不是出于其他原因，

也不是为了其他人。这可以帮助你控制自己心中那头焦虑的野兽，并增强你的自尊。

有一种方法可以做到这一点，那就是借助成就之墙。在阅读了近藤麻理惠（Marie Kondo）的《怦然心动的人生整理魔法》（*The Life-Changing Magic of Tidying Up*，2014）后，我突然有了灵感。在书中，她建议在壁橱内或壁橱门后面做一个存放特殊纪念品的个人神殿。这样，每次打开壁橱门时，你都会想到这些东西是如何让自己感到快乐和欣慰的。

读完近藤麻理惠的书后，我便开始把各种东西放在走廊壁橱的门后面，比如我的孩子们在学龄前画的手印画，还有他们在美术课上的画作。每次在挂外套时看到这些画，我都为我的孩子们感到非常高兴和骄傲。然后，我就想，我们总是对孩子们的小小成就如此在乎，那我们什么时候去庆祝自己的小成就呢？

大约在这个时候，我开始注意到，我的很多来访者往往不愿承认自己大大小小的胜利和成就，哪怕只是一瞬间。我曾经合作过的一位来访者因其所做的工作获得了许多奖励证书。我问他："你会做些什么来庆祝这些奖项？"他说："我会把它们放在办公桌后面的某个地方。"

如果把它们挂到你自己的成就之墙上呢？你可以在自己家里的私密空间里——某个你不担心别人会看到但你可以看到的地方——留一块小地方，在那里，你可以庆祝自己的成功。也许这个地方在衣帽间，也许这个地方是你杂物间的一块软木板。总之，这个地方会时不时地轻声提醒："我做到了！我太棒了！多么了不起的成就！它就在雨伞旁边，一看到它，我就能想起我的成功！"

如果你不喜欢真正的墙，那就试着写一份成就清单吧。这很容易做到，而且你可以每周在上面添加一些新的成就。你可以把自己所有的成就都记录在上面，并时常回顾它，感受它给你带来的愉悦。

每天写下5件你完成的让你感到骄傲的事情，哪怕再小的事情都可以。把这项活动当成夜间的例行公事，

你一定会从中受益的。并且每个月你都可以花点时间回顾一下你写在清单上的所有事情，重新感受你写下它们时所感受到的那种积极情绪。

没人需要看你的成就清单，但是你自己必须看！

练一练：把它写下来！

写一个让你引以为豪的事情的清单。你可以写任何事情（例如：克服了恐惧、结交了新朋友、游览了新的地方、练习了自我关怀、学习了新技能）。试着在下面列出过去一年你做成的5件事！

我的成就清单：

1. _____

2. _____

3. _____

4. _____

5. _____

工具 20
电子游戏

我曾经问过我丈夫，他是如何做到整天自言自语的。他回答说："有时，我会把一天看作一场电子游戏，每做一件事，我都会给自己加分。"这个想法真的让我很感兴趣，所以我问他："你的意思是，比如把洗碗机里的碗筷拿出来、把洗好的衣服收起来、去上班之类的事情？"他说："没错。"

我从来没有想过要为自己每天完成的工作、家务和育儿任务给自己加分。事实上，我从来没有想过要为任何事情给自己加分。真的！所以，我决定在接下来的几周内试一试。在一天中，我越是为完成日常工作夸奖自己，给自己加上想象中的分数，我就越快乐、越平静。为小事表扬自己让我觉得自己在进步，即使我做的是以前认为理所当然的事情。正如苏珊·魏因申克（Susan Weinschenk）所写的那样："当我们花时间去注意那些正确的事情时，这意味着我们一天中得到了很多小的奖励。"[布莱特斯科（Bratskeir），2017]

现在，我常以电子游戏作比，向来访者解释如何欣赏自己每天的小成就，而不是贬低或完全忽视它们。我经常注意到，有很多优秀的来访者无法把自己同他们的成功联系起来。当成功发生在他们身上时，他们通常会将其淡化，或者对自己设定的未来目标列出一堆新的担忧，就好像成功从未真正发生过一样。我经常会打断这些来访者："嘿，稍等一下！让我们放慢脚步，欣赏一下你刚刚做的了不起的事情吧！"

通常情况下，只要讨论他们的成功超过几分钟，他们往往就会开始感到不舒服，想赶快进入下一个话题。

有时，我们所有人都是如此。我们倾向于匆匆忙忙地完成自己的待办事项，以至于错过了眼前正在发生的事情，也错过了我们本可以享受的积极情绪。

如果你想对自己所做的事情感觉更好，有一个不错的方法，那就是赞美自己的小成就，而不是等到你完成大成就后再去表扬自己。大成就往往很少发生 —— 通常，人们对大成就的定义可能是结婚、生子、升职、毕业、买房、获奖、创业等，但这些事情并非每天都会发生。它们更像是我们这个社会所谓的"里程碑式目标"，偶尔才会发生一次，如果人们觉得自己一直未能达到目标，就会产生消极情绪。奇怪的是，当很多人最终完成了他们认为的"里程碑式目标"时，并没有真正为自己感到骄傲，因为他们又开始关注下一个"里程碑式目标"，而没有注意到眼前正在发生的事情。

你必须允许自己为自己感到骄傲。

你必须练习你想要拥有的感觉。要想做到这一点，你可以试着在一天之内更频繁地为自己所做的每一件小事感到骄傲。学着去欣赏自己，为那些现在已经被自己解决的事情而自豪。

当我问来访者上周做了什么时，他们通常会回答："哦，没什么。我的工作效率很低。"然后，他们可能会列出他们做过的十几件事……这听起来完全不像什么都没做。但对他们来说，这些东西都不算什么。这就是我们可以开始改变的部分！你对自己所做事情的想法会影响你对它们的感受。

让很多人陷入困境的地方是，他们在成长过程中被教导"吹嘘是错误的"或"如果我承认自己取得了任何成功，那么我将成为一个令人讨厌、别人难以忍受的人"，以及这种扭曲的认知信念的其他变体。但是，当你对自己进行一些探究后，你会发现你之所以会这样与自我感觉良好无关，实际上，你想避免的是故意让他人感觉不好。但是 —— 如果你真的对自己感觉良好，你甚至

可能根本不会想到要这样做。通常，当我们真正自我感觉良好时，我们对周围人的感觉会更加积极和包容，而不是消极和嫉妒。

问问你自己："关于不允许自己对自己和自己完成的事情感觉良好，我可能有哪些奇怪的信念？我想带着这个信念继续下去吗？"

要使用电子游戏这个工具，请把自己的一天想象成一场电子游戏，每完成一项任务，你就会获得一定数量的积分。比如，你学会了从头开始煲汤——干得好！加5分！你辅导你的孩子完成了家庭作业——干得漂亮！加5分！你设法在下午6点之前回复了所有的工作邮件——太棒了！加5分！你也可以根据任务的难度改变分数：你换了一个漏气的轮胎——加10分！你和主管谈了谈转岗的问题——加15分！

给自己奖励多少积分完全取决于你自己。你甚至不需要给自己奖励积分，只要你每次完成清单上的一件小事后都积极地表扬自己就可以了。然后，当你出色地完成一件事后，试着去感受那种感觉。这对你来说是什么感觉呢？骄傲？幸福？欣慰？感受这些感觉，哪怕只有一两分钟，哪怕一开始你感觉不舒服。不过，当你第一次练习新的感觉时，通常都会感到不舒服。

从现在开始，对你一天做的所有事给予更多的赞赏吧。以下是一天当中的小成就清单示例：

1. 我辅导孩子完成了家庭作业。

2. 我记得要休息半小时。

3. 我在一天结束之前处理了所有的工作邮件。

4. 我开始了一个创意项目。

5. 我把洗好的衣服一一叠好了。

6. 我走了很长一段路。

7. 我读完了一本好书的其中一章。

8. 我为家人做了晚饭。

9. 在一天结束之前，我花几分钟时间做了做拉伸。

10. 我记得完成我的日志。

　　这只是一个包含 10 个小成就的清单示例。现在该你制作自己的小成就清单了，如果你愿意，可以给你清单上的每一件事都设置分数。然后，把你的分数加起来，你会感觉你今天真的升级了！

感恩眼镜

想象一下，有这么一副神奇的眼镜摆在你的面前。当你戴上它环顾你所在的房间时，你会以一种新的方式感恩你所看到的一切。例如：

看那个抱枕，它上面有一个很酷的黑白图案。这一定是有人专门设计，然后缝制而成的，还添加了很多细节。所以，我很感恩那个抱枕。

看那支蜡烛！这蜡烛可太酷了！我想知道它是怎么做的，他们是怎么研究出这种气味的。我很感

恩那支蜡烛。

看看我的猫！它看起来总是那么开心。我很感恩我的猫，以及它此刻所呈现出的那种开心的状态。

听听这美妙的音乐。我可以在手机上播放任何我能想到的音乐，这不是很神奇吗？我非常感恩使这一切得以发生的技术。

试着用你的新眼镜，以新的感恩方式看待你周围的10件事物。你可以选择人、宠物、颜色、物品、家具、艺术品、景观、树木或周围任何能激发你的感恩之情的东西。沉浸在这种感恩的感觉中，带着这种态度去看待那些原来你觉得理所当然的事物。感恩可以使你体内的多巴胺激增，从而带给你一种即时的愉悦感，感恩还可以降低体内的皮质醇水平，让我们感觉压力更小。

> **神经科学箴言**
>
> 研究表明，感恩不仅对我们的大脑有益，对我们的心脏也有好处！根据加州大学戴维斯分校医学中心（UC Davis Health）的说法："无论是在休息时还是在面对压力时，感恩都与较高水平的好胆固醇（HDL）、较低水平的坏胆固醇（LDL）以及较低的收缩压和舒张压有关。它还与更高水平的心率变异性（心脏一致性的标志）或神经系统和心率的和谐状态相关联，这基本上等同于使人有更小的压力和更清晰的思维。"（加州大学戴维斯分校医学中心，2015）

每天晚上，你可以戴上感恩眼镜，在日志中写下你以新的感恩方式看到的10件新事物。你可以把它写成一个简单的词语列表（比如枕头、蜡烛、音乐），你也可以用完整的句子来表达，比如："我感恩莫扎特，因为他的音乐是如此鼓舞人心。"

你可以写下任何你想写的东西，只要你遵守以下

规则：

● 在写的时候，你必须让自己真正感受到对这事/动物/人的感恩。

● 至少写10个！如果你只写1件，你就没有足够的时间来感受这种感觉，从而让自己体内的皮质醇水平下降。你写得越多，你就会越感恩，你的身体和大脑就会越感谢你。你没问题的！

练一练：把它写下来！

戴上感恩眼镜。当你环顾四周后，写下你现在感恩的
10件事。以"我很感恩……"开头，然后完成这份
清单：

1.

2.

3.

4.

5.

6.

7.

8.

9.

10.

迷你自我催眠摆

　　有一段时间，我每天晚上都在视频网站上听催眠引导课来让自己放松。有一位催眠师很特别，他有一口非常舒缓的澳大利亚口音，说话语速非常慢，这让我感到很平静。唯一的问题是，我从来没能坚持到 10 分钟以后，因为我总是没听多久就睡着了。当我走近一棵树时，我从来不知道走近它之后会发生什么……即使我真的很想知道！虽然催眠的想法很吸引人，但我开始思考如何在有意识的状态下运用这个概念，也就是说，我不想每次听催眠引导课总是以我在沙发上睡着而告终。

19世纪前10年，一位名叫詹姆斯·贝尔德（James Baird）的苏格兰医生首次提出了自我催眠的想法。他相信，通过以一种将你的注意力引导到预期结果上的方式与自己对话，可以帮助你的大脑为未来要完成的事情做好准备。

> **神经科学箴言**
>
> 催眠可以让你的大脑以一种更积极的方式体验未来的事件。根据《今日催眠》（"Hypnosis Today"）一文的作者布伦丹·史密斯（Brendan Smith）的说法，研究表明，在接受手术后，"接受催眠的患者的术后疼痛、恶心、疲劳和不适感更少"。（史密斯，2011）

在我更多地了解了催眠之后，我萌生了一个想法：如果我在一天中时不时对自己进行迷你自我催眠会怎么样？这种催眠超级迷你，只有几秒钟长，只是让我在每天完成小任务后，为接下来的事情做好心理准备，从而让自己感觉更好。

想到这一点的那一天，我感到身体非常疲惫。我看着手中的一杯水，心想："喝完这杯水，我就会感到神清气爽，无比快乐。"然后，我喝了水。接下来的几个小时，我都忘记了疲惫。

后来，在我吃午饭的时候，旁边有一杯水，这让我突然记起了之前的事。我再次告诉自己："喝完这杯水，我就会感觉好很多，接下来一整天都会感到更快乐、更轻松。"神奇的是，喝完第二杯水后，我确实开始感觉好多了。到当天晚些时候喝第四杯或第五杯水时，我的脑海中开始更容易地冒出这些想法。然后，我就被其他事情分散了注意力。

第二天，当我打开办公室的门时，想起了前一天那些迷你催眠过程，对自己说："当我打开办公室的门走进去时，我会感到平静和放松，我的一天都会很轻松。"

那一整天，每当我走进办公室的门时，我都会有类似的想法。我发现，它开始慢慢改变了我的生活，那一天我似乎过得比平时更轻松。

迷你自我催眠的工作原理是：在做一件小事之前，比如喝一杯水或打开办公室的门，你要为自己设定一个积极的未来感觉，这样你才能在下一刻拥有。你可以把它用在任何你必须做的日常小事上。我建议你选择一个需要重复去做的事情，但它又不能重复太多次以至于带给你很大压力。对我来说，喝水是一个很好的选择，因为我一天只喝这么多杯水。有时，我会忘记做这件事，不过这也没关系。你不需要做很多次就能感觉到它在起作用。此外，它还能帮助我想象任务结束时的状态（比如喝完一杯水，然后对我未来的情绪做一个积极的设想）。

试着看看什么让你觉得有趣，但不要选那种需要你一直做的事情。例如，不要选择呼吸。刚开始时，不妨选择那些你一天只做几次的事情。你也可以选择在你正身处某种让你感到挣扎的情况时这么做,例如"开完会后打开门,我就会感到一种'终于结束了,好开心'的轻松",或者"今天下班后一坐上我的车,我就会感到轻松一点儿,愉快一点儿",或者"当我读完这本书的这一章,我就会感到平静和放松"。

看看哪些事情对你有用!试着提前规划与未来事件的积极联系,让你的大脑做好体验的准备。

练一练：把它写下来！

选择一件能让你感到舒适和轻松的事情，同时这件事情需要你每天完成 2 到 4 次。然后，提前设想做完这件事后的感受。

迷你自我催眠想法

当我完成 _____

_____

我会感到 _____ 和 _____

迷你自我催眠想法

当我完成 _____

_____

我会感到 _____ 和 _____

迷你自我催眠想法

当我完成 _____

_____

我会感到_____和_____

现在，记录下结果，哪一件事情对你来说更有效？

Chapter 5

当你对未来充满担忧

在我们理清思路，
专注于未来想要的东西之前，
让我们先释放心中的担忧，
然后再重新开始。

○ ○ ○ ○ ●

工具23
担忧气球

在我们理清思路，专注于未来想要的东西之前，让我们先释放心中的担忧，然后再重新开始。想象一下，有一个普通大小的氦气球，用一根绳子系着，而你当前的担忧就装在这个氦气球里。就像你小时候有一个气球，当你开始移动或注意力不集中时，气球就会试图向上飘并离开你；但当它快要飞走时，你总是会用绳子把它拉回来。

这就像担忧。如果你放手，它就会飘起来，飘到天上去，越来越小，越来越小，直到变成一个点，直到它在你几乎看不到的地方最后消失了。你不必一直拉着气球的绳子往下拽。其实这只是以焦虑的方式思考而养成的习惯。每当你想到当前的担忧时，你就像是在拉扯这根绳子，不让担忧气球飞走。

想象一下让担忧气球飞走的样子。你松开手，看着它消失在云端。当绳子向上滑动并消失时，你可以告诉自己："放开这个气球，没关系。"同时克制住自己想去抓绳子的冲动。当你再也看不到气球时，做一次深呼吸，你会感到如释重负。

有时，我们会觉得，抓住气球就会有好事发生。如果这是你的核心信念，那就值得审视一下了。不妨问问自己："我为什么要抓住这个气球？我能从中得到什么？这个气球对我到底有没有用？"

如果不知道自己为什么会抓着气球不放，那么你可以试着对自己说："我会抓着这个气球好好想一想，但到晚上6点（或你选择的任何时间），我就要放开它。"在那之前，你不需要想太多。到了晚上6点，你就按照对

自己的承诺，松开手，让这个担忧气球飞向天际。

如果你有各种各样的担忧，那么你可以将它们分别写在一个想象的气球上，并在你的脑海里举办一个放气球派对，再在你为自己设定的时间里将它们全部送到空中，然后看着它们都向天上飘去，越来越小，最后完全不见。

现在，告诉你自己："当我迈向我的未来时，我不需要再去拉那些气球的绳子了。现在，我可以让它们全部飞走，看着它们飘向天空，然后我就会长舒一口气。"

练一练：把它画下来！

在下面的气球上写下你目前的担忧。然后，闭上眼睛，想象它飘向天空，越来越小，直到完全不见。

讲述你想要的生活

工具24

故事笔

当经历消极情绪时，你很容易讲述有关自己的消极故事。在这个故事中，管他甲乙丙丁戊，反正你在某种程度上是一个"坏"人。然后，你用剩下的故事情节来补充你是"坏"人的理由和佐证，就好像你是一个消极的律师，正在用一个可靠的案例来驳斥自己，使你相信你确实感觉很糟糕。

举个例子来说，你收到一张逾期账单通知，因为你还未支付你的信用卡账单。你给自己讲的故事是"我是个坏人，因为我没付账单"。这会让你想起一些与之相关的不太好的事情，比如"我很糟糕，因为我欠钱不还"，或者"我一直不善理财，我活该"，或者"其他人都知道如何理财，只有我不会，因为我有一些根本性的问题"。这下好了，糟糕的感觉真的来了。

再举一例，你喜欢的人在第一次约会后没有给你回电话。你给自己讲的故事是"我不讨人喜欢"。这引出了一系列与之相关的想法，比如"我喜欢的每个人都不喜欢我，因为我是一个有缺陷的人"，或者"我不应该在约会时说那么多话，我就是不讨人喜欢"。糟糕的感觉又来了。

阻止消极故事的讲述的方法是，在它开始的那一刻就给它贴上标签。你可以先在脑海中念叨"关于这个情况，我目前的故事是……"，然后将内容填入其中。就像"名牌"那一节一样，这能让你将自己从消极的思维模式中抽离出来。然后，下一步是想一个新的、更积极的故事，然后把这个故事告诉你自己。

以下是一些示例：

情况	目前的故事	新的故事
逾期账单	"我一直不善理财。"	"我正在努力规划。我每年都在以更好的方式管理我的财务。"
约会后对方没回电话	"我不讨人喜欢。"	"无论环境如何，我都在学习爱自己。如何爱自己、欣赏自己才是最重要的。"

你想把哪些关于自己的消极故事换成更新、更积极的故事呢？试着把你目前的故事写下来，然后用一种更有益的方式将其重新改写，这将帮助你以一种更友好的方式与自己对话。

讲述你想要的生活

是时候拿起一支新的想象故事笔，在你的书中写下新的篇章了。你的目标是在写作时感受积极的情绪，并开始将自己想象成自己故事中的主角。

要更经常地用心聆听自己想象的故事，而不仅仅是你告诉自己的故事，这对你的情绪很有帮助。你会告诉别人关于自己的哪些故事？你会告诉别人你是个失败者，你运气不好，你不擅长任何事吗？

用你的想象力去描绘一个美好的未来，而不是一个糟糕的未来。

告诉他们你的新故事吧！在你习惯讲述关于自己的新故事之前，你需要一些练习。一开始你可能会感到不舒服，因为你可能会更习惯消极的故事。那就开始一点一点地练习吧。随着时间的推移，你会逐渐感觉心情舒畅。最终，你可能会完全接受这个新故事以及随之而来的所有积极感受。用作家约瑟夫·坎贝尔（Joseph Campbell）的话来说："最大的问题是你能否对你的冒险由衷地说'是'。"［坎贝尔、莫耶斯（Moyers）和弗

劳尔（Flowers），1991，p.206]

拿起一支新的故事笔，开始在你自己的书中书写新的篇章吧！

练一练：把它写下来！

以自己为主角，描述你即将到来的生活新篇章，就好像你正在用一支神奇的笔书写一个故事一样。在接下来的一周中，计划一些你想拥有的积极情绪或体验。讲述自己关于理想中的未来生活的故事：

_____

_____

_____

_____

_____

_____

_____

_____

_____

工具 25

未来成就之墙

在这本书的结尾部分，我想给你一个工具，让你可以想象未来将会获得的所有美妙的成就。要做到这一点，你需要建一面未来成就之墙。

有些人喜欢制作实体的愿景板，这其实和成就之墙是类似的东西。我读过关于制作愿景板的文章，觉得这个东西听起来很有趣。但是，我制作愿景板要面临两个问题：

- 我不喜欢拼贴画，因为打印图片、找胶水，然后把它们粘到海报板上太费事了。

◎ 我不知道制作完的巨型拼贴海报板该放在哪里！

这似乎需要做太多的事情了。所以，我采取了不同的方法。我开始尝试用图片剪辑软件制作一个巨大的数字愿景板。然而，调整所有图片的大小并将它们拼接成一张巨大的海报也没那么有趣，于是我很快就放弃了这个想法。

后来，我决定要让它更容易制作，也更有趣一些！首先，我不打算称它为"愿景板"，因为我已经将"愿景板"这个概念同上面我经历的挫折联系起来了。我打算称它为"未来成就之墙"。而且这个主意最棒的部分在于，它只是我在电脑桌面上创建的一个文件夹，名字为"未来成就之墙"。至于这样做的原因，现实一点说，在电脑桌面上创建一个文件夹仅需要3秒钟的时间。这对我来说更简单、更容易，也更有趣。

我开始在网上搜寻与我想象中的未来大致相符的图

片。然后，我要做的就是将选定的图片拖放到"未来成就之墙"文件夹中。就是这样！超级简单！

　　每隔一两周，我就会打开文件夹，欣赏我放入其中的所有精彩图片。例如，我放了一张两个微笑的孩子的图片，以表示我希望孩子们健康成长的愿望。我还放了一些其他图片，比如我想象中自己住的漂亮房子的图片、我想去但还没去的城市的图片、我想去漫步的海滩的图片，以及各种能令人感到快乐的东西的图片，它们对我来说代表着令人愉悦的美好事物。

　　当我选择一张图片时，如果它能让我会心一笑，那我就知道它适合放进我的文件夹中。当我感到无聊时，我会在网上寻找能让我微笑的新图片。我并不总是浏览我文件夹里的图片，我通常只是定期将图片放进文件夹里。当我感到没有动力时，我经常将浏览这些令人愉快的图片当作一个很好的提神剂。

如何打造未来成就之墙

1. 在你的电脑桌面上创建一个文件夹，名为"未来成就之墙"（或任何你喜欢的名称）。

2. 寻找各种象征你未来想要体验的事物的图片，并且只选择那些能让你在看到它们时会心一笑或感到快乐的图片。

3. 当你想要获得激励或动力时，请打开"未来成就之墙"文件夹，滚动浏览所有图片，感受你未来体验这些事情时想要的情绪。然后，添加一些新的图片进去，有需要的时候再次重复这个过程。

图片不需要太具体，只要它们对你来说能象征性地代表一些东西既可。例如，如果你希望自己加薪，你可以选择一堆美元钞票或任何你能找到的代表这件事的符号的图片。如果你想去度假但又不知道去哪里，只需选

择一张对你来说代表轻松假期的图片就可以了，哪怕它只是一张海洋的图片。

要经常去确认一件事 ——"这张图片能让我笑出来吗"，或者"这张图片是否会让我产生'为什么我现在还没有这个'的想法"。你需要能让你微笑的图片，而不是后者。当你翻看文件夹中的图片时，它们应该让你充满积极的感觉，甚至能让你微笑，或者至少让你产生对未来充满希望和轻松的感觉。

如果你想赢得某个奖项，养一只小猫或搬到一个新城市，请找到能代表所有这些东西的图片，即使你的文件夹里只有一个卡通奖杯、一个路牌和一只猫的图片。把它们都放在你的文件夹里，不要想太多。任何能让你微笑的东西都对你有益！每个人心目中具有象征意义的图片各不相同，关键在于，要更频繁地与对未来充满积极、希望的感觉联系起来，并开始设想你理想中的生活是什么样子的。

如果你还能想起来的话，请每周花一些时间看看你收集的图片。将浏览图片安排到你的日常生活中去。每隔一段时间，我就会花一点时间去看看这些图片，去感受它们带给我的快乐。我也发自内心地感激这些图片，因为很多我曾放到"未来成就之墙"文件夹中的东西现在已成为我现实生活的一部分了。

在众多有趣、让人愉悦的图片中，你会将哪些类型的图片放入你的文件夹中？未来哪种经历会让你发自内心地说一句"太好了"？

一点想法

当你进一步应用你所学到的这些工具时，请试着把事情简化一些，也试着时常监控自己的能量表，并剔除不必要的任务，从而使自己更加轻松。和自己对话时记得要温柔、友善。

每天对周围的人们、事物或动物心怀感恩。尽可能

多地用你的缩小射线枪、有趣分心事筛子、迷你自我催眠摆、各种水准仪、担忧气球，或者任何对你有用的工具。多赞美自己，哪怕每天做的只是一些小事。经常给你的洒水壶装满水，也别忘了开始"一砖一瓦"地建造你的未来成就之墙。

　　每天只需要对你的想法进行一些微小的改变，就能对你的整个生活产生巨大的影响。坚持下去，你的外在生活将开始与你的内在世界相匹配，你的内心也会感到更轻松、更快乐。

　　这样一来，你会发现，硬币翻转过来的那一面是快乐而不再是焦虑。经过一段时间的练习和实践，你甚至都不会注意到你何时将硬币翻转了过来，快乐会自然而然地在你身上出现。

你的积极

自我对话

即使是
最小的改变，
也会引领我走向
不同的结果。

充电器

致谢

我在写这本关于焦虑的书的过程中获得了很多快乐，这要感谢那些帮助我完成这本书的人：我的编辑简·埃文斯（Jane Evans）和制作人汉娜·施奈辛格（Hannah Snetsinger），她们都来自杰西卡·金斯利出版公司（Jessica Kingsley Publishers）；以及插画家詹妮弗·惠特尼（Jennifer Whitney）（工具插图）和阿曼达·韦（Amanda Way）（每章末尾的插图），他们为这本书提供了令人惊叹的艺术作品。

我还要感谢我的写作导师和朋友以斯拉·威尔伯（Ezra Werb），感谢他在整个写作过程中给予我的帮助。同时，我要感谢艾丽卡·柯蒂斯（Erica Curtis）、玛吉·林奇（Maggie Lynch）、迈克·松克森（Mike Sonksen）、史蒂文·刘易斯（Stevon Lewis）、安德鲁·劳斯顿（Andrew Lawston）和伊登·伯恩（Eden Byrne）的积极推动。

我也要感谢多年来给予我信任的来访者和学生，他们测试了这些工具，并告诉我哪些有效。感谢照片墙上（@risawilliamstherapy）上所有阅读我的自我关怀技巧的读者，感谢《呼吸杂志》（*Breathe Magazine*）的凯瑟琳·基尔蒂（Catherine Kielthy）和崔迟皖（Chiwan Choi）发表我写的关于健康的文章。感谢一行禅师、约瑟夫·坎贝尔、玛丽莎·皮尔（Marisa Peer）、詹·辛诺（Jen Sincero）、埃丝特·希克斯（Esther Hicks）、布伦纳斯·布朗（Brené Brown）、埃克哈特·托尔（Eckhart Tolle）、近藤麻理惠、马丁·塞利格曼（Martin Seligman）、大卫·D. 伯恩斯、韦恩·戴尔（Wayne Dyer）和维克多·弗兰克尔写的鼓舞人心的书。

　　我很感激我在生活中能受到这些书的积极影响，我希望这本书也能给读者带来一些积极的影响。

　　最后，我要感谢我的丈夫、我的两个孩子、我的母亲、我的兄弟、我的嫂子和我的猫，谢谢你们爱的支持。

参考文献

Azab, M. (2018) "The pain of worry: The anxious brain." *Psychology Today*. Accessed on 10/7/2020 at www.psychologytoday.com/us/blog/neurosciencein-everyday-life/201811/the-pain-worry-the-anxious-brain.

Becker-Phelps, B. (2013) "Don't just react: Choose your response" *Psychology Today*. Accessed on 10/7/2020 at www. psychologytoday.com/us/blog/making-change/201307/dont-just-react-choose-your-response.

Bratskeir, K. (2017) "The habits of supremely happy people." *Huffington Post*. Accessed on 10/10/20. www.huffpost.com/entry/happiness-habits-of-exuberanthuman-beings_n_3909772.

Burns, D. D. (1981) *Feeling Good: The New Mood Therapy*. New York: Penguin Books.

Campbell, J., Moyers, B. D., and Flowers, B. S. (1991) *The Power of Myth*. New York: Anchor Books.

Granneman, J. (2017) "Why socializing drains introverts more than extroverts." *Psychology Today*. Accessed on 10/7/2020 at www.psychologytoday.com/us/blog/the-secret-lives-introverts/201708/why-socializing-drainsintroverts-more-extroverts.

Hannibal, K. E. and Bishop, M. D. (2014) . "Chronic stress, cortisol dysfunction and pain: A psychoneuroendocrine rationale for stress management in pain rehabilitation." *Journal of the American Physical Therapy Association*, Epub 2014, Jul 17.

Jabr, F. (2013) "Why your brain needs more downtime." *Scientific American*. Accessed on 10/7/2020 at www.scientificamerican.com/article/mental-downtime/.

Koch, C. (2010) "Looks can deceive: Why perception and reality don't always match up." *Scientific American*. Accessed on 10/7/2020 at www.scientificamerican.com/article/looks-can-deceive.

Kondo, M. (2014) *The Life-Changing Magic of Tidying Up: The Japanese Art of Decluttering and Organizing*. Berkeley, CA:Ten Speed Press.

Kramer, C. (1972) " 'Little Tramp' triumphs: Chaplin savors his 'renaissance.' " *Chicago Tribune*, April 6.

McSweeney, K. (2019) "This is your brain on Instagram: Effects of social media on the brain." *Now*. Accessed on 10/7/2020 at https://now.northropgrumman.com/thisis-your-brain-on-instagram-effects-of-social-media-on-the-brain.

Newberg, A. and Waldman, M. (2012) "Why this word is so dangerous to hear." *Psychology Today*. Accessed on 10/7/2020 at www.psychologytoday.com/us/blog/words-can-change-your-brain/201208/why-word-is-so-dangerous-say-or-hear.

Nhat Hanh, T. (2011) *Being Peace: Classic Teachings from the World's Most Revered Meditation Master*. London: Ebury Digital.

Park, A. (2011) "Found! The Seat of embarrassment in your brain." *Time Magazine*. Accessed on 10/7/2020 at https://healthland.time.com/2011/04/18/locating-the-seat-of-embarrassment-in-your-brain.

Peterson, L. A. (2017) "Decrease stress by using your breath." *Mayo Clinic*. Accessed on 10/7/2020 at www.mayoclinic.org/healthy-lifestyle/stress-management/in-depth/decrease-stress-by-using-your-breath/art-20267197.

Rock, D. (2009) " (Not so great) expectations." *Psychology Today*. Accessed on 10/7/2020 at www.psychologytoday.com/us/blog/your-brain-work/200911/not-so-greatexpectations.

Smith. B. L. (2011) "Hypnosis today." *American Psychological Association*. Accessed on 10/7/2020 at www.apa.org/monitor/2011/01/hypnosis.

UC Davis Health (2015) "Gratitude is good medicine: Practicing gratitude boosts emotional and physical well-being." Accessed on 10/7/2020 at https://health.ucdavis.edu/medicalcenter/features/2015-2016/11/20151125_gratitude.html.

Vaughan, M. (2014) "Know your limits, your brain can only take so much." *Entrepreneur Magazine*. Accessed on 10/7/2020 at www.entrepreneur.com/article/230925.

Zhang, C., Myers, C. G. and Mayer, D. (2018) , "To cope with stress, try learning something new." *Harvard Business Review*. Accessed on 10/7/2020 at https://hbr.org/2018/09/to-cope-with-stress-try-learning-something-new.

The Ultimate Anxiety Toolkit：25 Tools to Worry Less, Relax More, and Boost Your
Self-Esteem
Copyright © Risa Williams 2021
First published in Great Britain in 2021 by Jessica Kingsley Publishers, an Hachette
company
Illustrated by Jennifer Whitney and Amanda Way
This edition arranged with Jessica Kingsley Publishers
through BIG APPLE AGENCY, INC., LABUAN, MALAYSIA.
Translation copyright © 2024, by Ginkgo (Shanghai) Book Co., Ltd.
All rights reserved.

本书中文简体版权归属于银杏树下（上海）图书有限责任公司。
著作权合同登记图字：22-2024-065 号

图书在版编目（CIP）数据

至少今天不焦虑/(加)里萨·威廉斯著;赵昱辉
译. -- 贵阳:贵州人民出版社,2024.12. -- ISBN
978-7-221-18470-2

Ⅰ. B842.6-49
中国国家版本馆CIP数据核字第2024D4P245号

ZHISHAO JINTIAN BU JIAOLÜ
至少今天不焦虑

[加] 里萨·威廉斯　著
赵昱辉　译

出 版 人	朱文迅	选题策划	后浪出版公司
出版统筹	吴兴元	编辑统筹	王　頔
策划编辑	代　勇	责任编辑	赵帅红　王潇潇
特约编辑	谢翡玲	封面设计	柒拾叁号
责任印制	常会杰		

出版发行　贵州出版集团 贵州人民出版社
地　　址　贵阳市观山湖区会展东路SOHO办公区A座
印　　刷　河北中科印刷科技发展有限公司
经　　销　全国新华书店

版　次	2024年12月第1版	印　次	2024年12月第1次印刷
开　本	787毫米×1092毫米 1/32	印　张	6.75
字　数	93千字	书　号	ISBN 978-7-221-18470-2
定　价	39.80元		

读者服务：reader@hinabook.com 188-1142-1266　　投稿服务：onebook@hinabook.com 133-6631-2326
直销服务：buy@hinabook.com 133-6657-3072　　官方微博：@后浪图书

贵州人民出版社微信